U0320348

基于平板电脑的
数控系统和软件设计

郇 极 刘 喆 胡 星 靳 阳 著

北京航空航天大学出版社

内 容 简 介

本书介绍开发基于平板电脑的数控机床控制系统所涉及的关键技术和方法,包括平板电脑与外部控制设备的接口、Android 操作系统实时控制技术、Java 语言数控系统软件编程技术、数控系统软件结构、控制算法、数据结构、程序示例、基于以太网的控制设备现场总线等。这些技术和方法也可用于开发基于平板电脑的其他工业自动化控制设备、智能家电、医疗仪器、科学试验仪器、教学实验设备、物联网终端等。

本书可作为工业自动化和计算机控制专业的研究生教学参考书,也可作为工业自动化系统开发人员的专业工具书。

图书在版编目(CIP)数据

基于平板电脑的数控系统和软件设计 / 郇极等著. --
北京 : 北京航空航天大学出版社,2013.11
ISBN 978 - 7 - 5124 - 1281 - 1

Ⅰ. ①基… Ⅱ. ①郇… Ⅲ. ①数字控制系统②软件设计 Ⅳ. ①TP273②TP311.5

中国版本图书馆 CIP 数据核字(2013)第 246401 号

版权所有,侵权必究。

基于平板电脑的数控系统和软件设计

郇 极　刘 喆　胡 星　靳 阳　著

责任编辑　金友泉

*

北京航空航天大学出版社出版发行

北京市海淀区学院路 37 号(邮编 100191)　http://www.buaapress.com.cn
发行部电话:(010)82317024　传真:(010)82328026
读者信箱:goodtexbook@126.com　邮购电话:(010)82316936
北京时代华都印刷有限公司印装　各地书店经销

*

开本:787×1 092　1/16　印张:11　字数:282 千字
2013 年 11 月第 1 版　2013 年 11 月第 1 次印刷　印数:3 000 册
ISBN 978 - 7 - 5124 - 1281 - 1　定价:24.00 元

若本书有倒页、脱页、缺页等印装质量问题,请与本社发行部联系调换。**联系电话:**(010)82317024

前　言

平板电脑(Tablet Personal Computer)发展迅速,已经成为目前广泛使用的个人计算机产品和移动多媒体设备。平板电脑是一个功能强大和丰富的计算机硬件平台,因此采用平板电脑作为工业自动化设备的控制计算机,具有结构紧凑、功能强大、价格低廉的优势,在工业自动化领域具有广阔的应用前景。

本书的作者团队(北京航空航天大学数控和伺服技术实验室)长期从事数控机床和工业机器人控制系统研究工作,包括软硬件平台、系统体系结构、控制算法、编程技术、设备控制现场总线等。使用平板电脑作为工业控制计算机平台技术是团队所密切关注的研究方向,并取得关键技术的突破。这些关键技术包括平板电脑与外部控制设备的接口技术、Android 操作系统实时控制技术、Java 语言数控系统软件编程技术、基于以太网芯片的控制设备现场总线等。在这些研究成果基础上,开发出了基于平板电脑的数控机床控制系统。

为了促进平板电脑在工业控制领域的推广和应用,作者通过本书将这些关键技术介绍给读者,与读者共同探讨相关技术,促进其广泛应用。相关的研究和开发经验也可以用于其他自动控制、数据采集和处理设备,例如:智能家电、医疗仪器、科学试验仪器、服务机器人、教学实验设备和物联网终端等。

本书的主要内容如下:

第 1 章为概述,简要介绍平板电脑在工业自动化领域的应用前景、数控系统工作原理、平板电脑结构、操作系统和编程语言。

第 2 章介绍了数控系统及其控制软件的整体结构。

第 3 章介绍了基于平板电脑的数控系统硬件平台结构,以及外部设备现场总线 FED 和通信控制。

第 4 章概要介绍了 Java 编程语言,以及编写数控系统控制软件的 Java 语法要点。

第 5 章概要介绍了 Android 操作系统,以及作为数控系统实时操作系统的可行性。

第 6 章介绍了数控系统软件的控制原理、实现方法、程序和数据结构的设计流程和程序示例。

第 7 章介绍了本书编程示例使用的数据结构和参数定义。

附录 A 为 ISO 6983 数控编程指令国际标准。

附录 B 为本书编程示例使用的自定义 G 指令代码。

本书是一本介绍平板电脑数控系统开发方法的书,同时也适用于学习数控系统软件原理、编程方法,以及工业自动化系统开发技术。它包括功能模块的划分、接口、数据流、Andriod 操作系统、Java 编程语言、以太网通信和现场总线技术等。读者通过本书学习,掌握了数控系统软件编程方法之后,对使用其他编程语言(例如 C 语言)编写数控系统软件或者开发其他类似的工业自动化设备控制系统也会有很大帮助。

郇　极

2013 年 5 月于北航

目　　录

第1章　概　述 ……………………………………………………………………… 1

  1.1　数控系统和控制软件 ……………………………………………………… 1

  1.2　硬件平台和控制设备接口 ………………………………………………… 1

  1.3　操作系统 …………………………………………………………………… 2

  1.4　Java 语言 …………………………………………………………………… 2

  1.5　本书撰写特点 ……………………………………………………………… 3

第2章　数控系统和软件结构 …………………………………………………… 4

  2.1　数控机床和控制系统 ……………………………………………………… 4

  2.2　数控系统软件结构 ………………………………………………………… 4

    2.2.1　控制数据流 …………………………………………………………… 6

    2.2.2　操作和运行控制 ……………………………………………………… 6

第3章　基于平板电脑的数控系统硬件平台 …………………………………… 7

  3.1　硬件平台结构 ……………………………………………………………… 7

  3.2　外部设备现场总线 FED 和通信控制 …………………………………… 8

    3.2.1　FED 总线结构 ………………………………………………………… 8

    3.2.2　FED 数据帧格式 ……………………………………………………… 9

    3.2.3　控制系统通信机制 …………………………………………………… 9

第4章　Java 编程语言 …………………………………………………………… 11

  4.1　Java 程序设计 ……………………………………………………………… 11

    4.1.1　Java 的特点 …………………………………………………………… 11

    4.1.2　开发环境 ……………………………………………………………… 12

  4.2　Java 语言基础 ……………………………………………………………… 12

    4.2.1　Java 程序的符号集 …………………………………………………… 12

    4.2.2　Java 程序的基本组成 ………………………………………………… 13

    4.2.3　常量与变量 …………………………………………………………… 13

    4.2.4　数据类型 ……………………………………………………………… 14

    4.2.5　运算符和表达式 ……………………………………………………… 14

    4.2.6　控制语句 ……………………………………………………………… 15

  4.3　数控系统程序设计的 Java 语法要点 …………………………………… 16

    4.3.1　类和对象 ……………………………………………………………… 16

    4.3.2　枚举类型 ……………………………………………………………… 18

    4.3.3　数　组 ………………………………………………………………… 19

4.3.4　String 类 ·· 19

4.3.5　异常处理 ··· 20

4.3.6　包的应用 ··· 20

4.3.7　数学运算 ··· 21

第 5 章　Android 操作系统 ······························· 23

5.1　Android 开发概述 ···································· 23

5.1.1　Android 系统框架 ································ 23

5.1.2　Android 应用程序开发环境的建立 ··············· 24

5.1.3　Android 工程的结构和运行 ····················· 25

5.2　数控系统程序设计的 Android 开发要点 ············· 27

5.2.1　Activity 和视图布局 ···························· 27

5.2.2　Socket 编程 ··································· 31

5.2.3　定时器 ··· 33

5.3　周期稳定性测试 ··································· 34

第 6 章　数控系统软件设计 ······························· 36

6.1　系统总体结构 ····································· 36

6.2　系统数据结构 ····································· 39

6.2.1　常　数 ··· 40

6.2.2　参　数 ··· 40

6.2.3　数据电缆 ······································· 40

6.3　数控加工程序预处理 ······························· 41

6.3.1　数控加工程序和指令 ···························· 41

6.3.2　数控加工程序读入模块 ·························· 43

6.3.3　译码器 ··· 46

6.3.4　坐标系设置 ····································· 51

6.3.5　刀具补偿 ······································· 56

6.4　运动控制 ··· 59

6.4.1　插补器 ··· 59

6.4.2　手动进给 ······································· 81

6.4.3　插补/手动切换 ································· 83

6.4.4　坐标变换模块 ··································· 85

6.4.5　机床误差补偿 ··································· 88

6.4.6　机床传动匹配 ··································· 90

6.5　PLC 控制 ··· 93

6.6　外部设备通信控制 ································· 95

6.6.1　协议报文的代码描述 ···························· 95

6.6.2　外部设备通信模块程序示例 ······················ 103

6.7　操作与运行管理 ··· 111
　　6.7.1　操作和显示（HMI）··· 111
　　6.7.2　系统运行管理 ·· 126
6.8　系统创建和运行 ··· 132
　　6.8.1　PadNC_Activity 类的相关程序实例 ····················· 133
　　6.8.2　数控系统内核程序示例 ·· 135

第7章　系统数据定义 ·· 142

7.1　常　数 ··· 142
7.2　变量类型定义 ·· 145
7.3　参　数 ··· 149
　　7.3.1　控制参数 ··· 149
　　7.3.2　加工参数 ··· 151
7.4　数据电缆 ·· 153

附录 A　ISO 6983 数控编程指令标准 ·· 162

A.1　字符集 ·· 162
A.2　G 指令集 ··· 163
A.3　M 指令集 ·· 165

附录 B　自定义代码 ··· 167

参考文献 ··· 168

第1章 概 述

平板电脑(Tablet Personal Computer)发展迅速,已经成为目前广泛使用的个人计算机产品。它通常被作为移动的多媒体设备使用,由触摸屏提供显示和人机操作界面,具有浏览互联网、观看影像、欣赏音乐、阅读、文字处理和游戏等多种功能。平板电脑是一个功能强大和丰富的计算机硬件平台,CPU 主频通常可以达到 1.5 GHz,内存容量为 16~32 GB,使用 USB 接口连接外部设备。因此,采用平板电脑作为工业设备的控制计算机,具有结构紧凑、功能强大、价格低廉的优势,在工业自动化领域具有广阔的应用前景。

本书的作者团队(北京航空航天大学数控和伺服技术实验室)长期从事数控机床和工业机器人控制系统研究工作,包括软硬件平台、系统体系结构、控制算法、编程技术、设备控制现场总线等。平板电脑作为工业控制计算机平台的关键技术是团队所密切关注的研究方向,并取得关键技术的突破。这些关键技术包括平板电脑与外部设备接口、基于 Java 语言的数控系统软件技术、Android 操作系统的实时控制功能应用等,开发出基于平板电脑的数控机床和工业机器人控制系统。

为了促进平板电脑在工业控制领域的推广和应用,作者通过本书将这些关键技术介绍给读者,与读者共同探讨相关技术,促进这项技术的广泛应用。相关的研究和开发经验也可以用于其他自动控制、数据采集和处理设备,例如:智能家电、医疗仪器、科学试验仪器、服务机器人和教学实验设备等。

1.1 数控系统和控制软件

数控机床由计算机控制产生工作台和主轴运动,执行加工程序规定的运动顺序、速度和轨迹,完成零件的加工。数控机床由 3 个主要部分组成:机床机械本体、伺服驱动(伺服装置和电机)、数控系统(装置)。数控系统也称 CNC 控制系统(Computer Numerical Controller),是数控机床的核心控制装置,是一个专用的控制计算机或者是在 PC 计算机结构基础上构建的控制计算机。数控系统通过控制伺服装置和电机,产生机床工作台和主轴的运动。数控系统的主要部件与计算机相同,由 CPU、内部存储器、外部存储器、显示器、键盘、外部设备接口组成。

为了实现对数控机床的控制,必须为它设计开发专门的控制程序,这称为数控系统控制软件。控制软件的主要任务包括:实时操作系统或中断调度系统、编写和管理数控加工程序、机床工作台运动轨迹的控制计算、主轴控制、辅助设备控制(冷却泵、夹具等)、人机操作界面等。数控系统软件使用通用的计算机编程语言编写,目前主要采用 C 语言编写。数控系统的性能取决于计算机硬件和数控系统软件功能。

1.2 硬件平台和控制设备接口

主流平板电脑的标准输入输出设备包括:

- 触摸屏　用于显示和人机操作界面接口；
- USB 接口　用于连接具有 USB 接口的外部设备；
- WiFi　用于无线局域网连接；
- TF 卡　用于存储器卡连接。

平板电脑为数控机床和工业机器人数控系统提供了基本的硬件平台，其控制系统与显示装置融为一体，提供了一个紧凑的控制系统结构。目前，主流平板电脑的 CPU 主频可以达到 1.5 GHz，其运算速度能够满足数控机床和工业机器人的控制运算速度要求。

平板电脑的 USB 接口是为连接标准 USB 设备而设计的，它也是平板电脑与外部设备互联的唯一物理接口。作者使用该接口连接数控系统的外部控制设备，例如：伺服电机、传感器、数字 IO 接口等。这是将平板电脑用于数控系统的关键技术之一。

WiFi 设备用于无线局域网连接，也为数控系统提供了互联网连接，实现数控系统的远程管理和操作等。

TF 卡用于存储数控加工程序和其他数据文件，以及与外部数据设备的数据交换。

1.3　操作系统

平板电脑的运行依赖于操作系统。Android（安卓）是 Google 公司开发的开放源代码的操作系统，主要用于智能手机和平板电脑，是目前平板电脑最广泛使用的操作系统。本书介绍的平板电脑数控系统软件在 Android 操作系统下运行。

平板电脑数控系统软件是运行在 Android 操作系统下的一个应用程序，完成数控系统的所有实时控制计算和人机界面操作任务，控制数控机床或工业机器人的运行。Android 同时还可以运行其他需要的标准应用程序，例如：文件管理、文字编辑、WiFi 联网、多媒体程序等，它们为数控系统提供了丰富的辅助功能。Android 是一个内置支持 Java 语言的操作系统，Android 应用程序由 Java 编程语言编写和生成。

数控系统和其他自动控制系统的控制计算机以固定的定时周期控制系统的运行。它要求计算机操作系统和控制程序能够提供一个稳定的实时任务处理周期，在嵌入式控制系统中，也被称为中断处理周期。针对不同的控制系统要求，这个控制周期通常在 1～100 ms 之间选择。作者在目前主流平板电脑完成的研究试验表明，当控制周期为 25 ms 以上时，Antroid 操作系统可以提供满足大多数控制系统要求的实时处理能力。本书将在第 5 章介绍编程方法和试验结果。

1.4　Java 语言

Java 是一种面向对象的计算机程序设计语言，广泛应用于互联网、PC 计算机（包括平板电脑）、移动通信设备、多媒体设备等。在移动通信和互联网软件中，Java 具有显著的技术和市场优势，成为这些技术领域的主要软件开发工具。

目前 Java 运行平台几乎已经嵌入到所有的主流计算机操作系统，其中也包括 Android 操作系统。用 Java 语言编写的程序可以在 Android 操作系统下运行，本书所介绍的数控系统软件编程方法和编程示例是用 Java 语言实现的。

Java 语言是一个功能非常强大的计算机程序设计语言，它可以覆盖从 Web 浏览器中的一个小型应用程序到分布式大型软件的设计需求，其中也包括嵌入式移动设备。数控机床控制软件属于嵌入式计算机软件技术领域，对软件开发工具要求不同于大型软件。完全的 Java 语言对于开发数控系统软件来说太庞大和复杂，本书作者研究如何最有效的使用 Java 语言开发数控系统，掌握了使用最基础的 Java 语句编写数控系统控制软件的方法。

作者将数控系统控制程序划分为多个功能块和数据电缆。功能块是一个程序单元，用于完成控制功能的计算处理要求，例如：译码、坐标系设置、刀具补偿、插补、误差补偿、操作、显示、外部设备通信等功能处理。数据电缆是一组变量，例如：字符串、双精度数组、整形型数等，表示数控加工程序段、插补线段的起点、终点、进给速度、插补位置指令等。用数据电缆连接功能模块，形成完整的控制数据流，控制机床运动。

Java 的类机制非常适合描述和定义数控系统的功能块和数据电缆，将数控系统的控制过程转换为 Java 语言程序。这也是实现平板电脑数控系统的核心技术。本书将在第 4 章、第 6 章和第 7 章介绍数控系统软件的 Java 语言编程方法和程序示例。

1.5　本书撰写特点

本书注重介绍数控系统的控制原理和使用 Java 语言的数控系统软件编程技术，包括系统结构、程序组织、模块划分、模块连接关系、控制命令传递、模块工作状态传递、数据组织等。为了便于读者理解以及由于篇幅限制，省略一些具体的计算、逻辑处理、错误报警、命令和状态互锁等程序细节。它不影响读者对数控系统功能划分、数据流形成和使用 Java 语言编写数控系统软件方法的了解。

本书内容也非常适合数控系统控制软件的设计原理和编程方法的学习。使用 Java 语言和面向对象编程技术，使我们更容易理解数控系统软件结构，特别是功能模块的划分、接口、数据流以及复杂的实时数据处理关系。读者通过本书学习，掌握了数控系统软件的原理和结构以后，也可以使用其他编程语言编写数控系统软件，例如 C 语言。

本书介绍的 Java 编程技术、外部设备 USB 接口驱动技术、实时控制编程技术也可以用于其他基于平板电脑的自动控制和数据采集设备，例如：智能家电、医疗仪器、科学试验仪器、服务机器人和教学实验设备等。

第2章 数控系统和软件结构

2.1 数控机床和控制系统

图 2.1 是一台 3 坐标立式加工中心的结构及其数控系统示意图。机床本体包括 X、Y 方向工作台和伺服电机、Z 方向进给滑台和伺服电机、主轴和主轴电机、刀库、换刀机械手、数控系统和伺服装置。控制系统通过现场总线控制伺服和主轴驱动装置,伺服和主轴驱动装置控制 X、Y、Z 方向伺服电机和主轴电机。

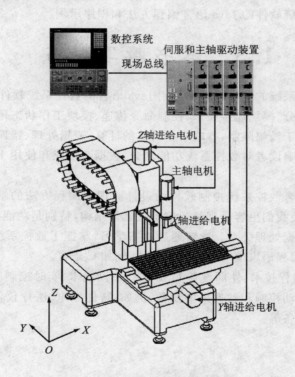

图 2.1 数控机床和控制系统结构

2.2 数控系统软件结构

图 2.2 表示数控系统的基本功能和软件结构。如图 2.2 所示,数控系统软件由 2 大软件处理任务组成,其中一个任务为主控制数据流,由译码器开始,将数控加工程序转换成机床的控制动作。另一任务为系统操作和运行控制,提供人机操作界面、系统数据管理和运行管理功能,使用操作命令接口⑩、系统信息接口①、参数接口⑫、显示信息接口⑩。

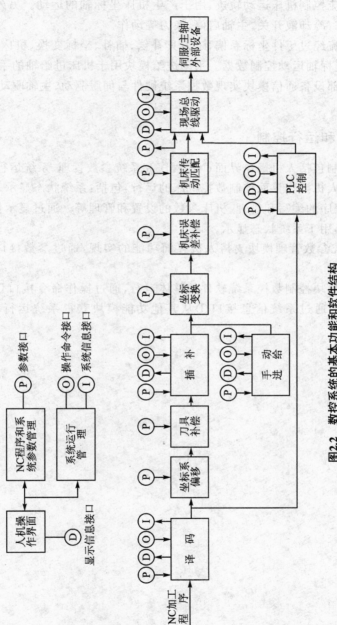

图2.2 数控系统的基本功能和软件结构

2.2.1　控制数据流

如图 2.2 所示,数控加工程序经过译码模块被分成 2 种类型的数据流,分别对其进行处理。其中一种数据流控制机床运动轨迹,用于产生机床坐标轴的运动。另外一种数据流控制机床辅助功能,例如:冷却液开关、主轴启停、换刀等动作。

运动控制数据流经过工件坐标系偏移、刀具补偿、插补、坐标变换、机床误差补偿、机床传动匹配模块,产生坐标轴运动控制数据。手动进给模块用于机床进给轴的手动操作,产生手动进给控制数据。外部设备通信模块实现数控系统硬件与伺服驱动、主轴驱动、机床辅助设备的数据通信和控制。

2.2.2　操作和运行控制

操作和运行控制包括人机操作界面、NC 程序和系统参数管理、系统运行管理模块。

操作人员通过人机操作界面控制数控机床的运行,包括:系统状态显示、自动加工运行、机床调整、数控加工程序的编写和管理、机床参数的设置和管理等。通过显示信息接口①获得其他功能模块的信息,用于系统状态显示。

NC 程序和系统参数管理模块支持人机界面功能的实现,通过参数接口⑫为其他功能模块提供系统参数。

系统运行管理模块控制数控系统软件的整体运行,通过操作命令接口⑩向其他功能模块发出运行控制命令,通过系统信息接口①从其他功能模块获得系统运行状态,同步系统的运行。

第3章 基于平板电脑的数控系统硬件平台

3.1 硬件平台结构

图 3.1 是作者开发的平板电脑数控系统结构图,系统由以下 4 个部分组成:

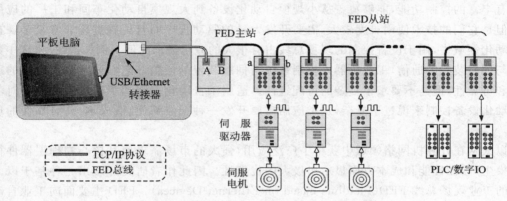

图 3.1 平板电脑数控系统结构

1. 平板电脑

安装 Android 操作系统,作为数控系统的控制主机、显示器和人机操作界面,运行数控系统的控制程序;通过 USB 接口连接外部控制设备,向外部设备发送用标准以太网数据帧格式打包的外部设备控制命令,包括控制电机运动的位置指令和控制机床辅助功能的数字开关指令;接收外部设备发回的电机运行状态和数字开关输入状态。

2. USB/Ethernet 转接器

它是标准的平板电脑附件,将 USB 总线转接到 Ethernet 网口上。

3. FED 主站

FED 现场总线(Fieldbus on Ethernet Device)是作者开发的一种基于以太网物理层器件的工业现场总线,FED 主站的端口 A 与 USB/Ethernet 转接器连接,接收来自控制主机(平板电脑)的以太网数据帧,以及向它发回以太网数据帧;端口 B 通过标准以太网电缆连接 FED 从站,通信数据帧为 FED 格式。

4. FED 从站

FED 从站的端口 a 连接 FED 主站,端口 b 连接后续的 FED 从站;主站发出的 FED 数据帧历遍所有从站,然后返回主站和控制主机(平板电脑);从站从数据帧中读取控制指令,并将从站的工作状态或外部信号写入到数据帧中,返回主控制器。

图 3.1 给出了 2 种控制功能的从站,一种是伺服电机控制从站,输出脉冲串,控制伺服电

机运动,产生机床工作台的坐标运动;另外一种是数字量输入输出从站,用来控制辅助功能,例如刀具松夹、冷却液开关等。根据机床控制要求,还可以开发具有其他控制功能的从站,例如AD/DA 变换等。

3.2 外部设备现场总线 FED 和通信控制

平板电脑通过现场总线控制伺服电机和数字量输入输出接口,实现对机床的控制。现场总线在连接数字伺服、传感器以及 PLC - IO 等设备的控制系统中已经获得广泛应用。近年来基于以太网的工业控制现场总线技术成为发展的主流,国际电工委员会 IEC 于 2007 年颁布了十种基于以太网的现场总线标准,例如 EtherCAT、PROFINET,SERCOSⅢ 等[1]。这些总线具有丰富的控制功能,能够覆盖从小规模自动化设备到大规模自动化车间和工厂的应用需求。但是它们的技术使用难度较大,需要开发大量的驱动程序而且配置过程非常复杂。在工业自动化领域中,用于设备控制的现场总线占有很大的应用需求比例。例如:数控机床中数控系统与伺服装置的通信,工业机器人控制系统与伺服装置的通信。它们通常要求很高的通信速度和可靠性,但是不要求很复杂的可配置性。适用于自动化车间和工厂的现场总线对于这些自动化设备控制来说过于复杂,这类应用需要开发一种配置简便、低成本、高可靠性的现场总线。

以太网在计算机网络领域中获得了广泛应用,强大的市场需求使其核心物理层器件得以大规模生产,在性能和成本方面显示出极大的优越性。因此作者研究开发出一种基于以太网器件的工业现场总线 FED(Fieldbus based on Ethernet Devices)。FED 主要面向工业自动化设备,使用便捷无需复杂驱动程序,自动完成网络的建立和通信的准备工作,能在底层网络透明的情况下实现高速实时通信。因此 FED 也特别适用于基于平板电脑的数控系统。

3.2.1 FED 总线结构

FED 总线由主站、从站和以太网线组成。主站由以太网口接头 RJ45(含变压器)、PHY芯片和作者开发的主站控制芯片(FPGA)组成,如图 3.2 所示。带变压器的 RJ45 以太网口接头和 PHY 芯片是通用的以太网物理层器件。PHY 芯片完成以太网帧数据的编码、解码和收发,是以太网物理层的核心。PHY 与 FPGA 之间通过 MII(Media Independent Interface)接口连接,它是以太网物理层与链路层的标准接口。FED 主站芯片功能和任务如下:

● 接收来自端口①的标准格式以太网数据帧。

● 将其转换成 FED 格式数据帧,FED 数据帧采用标准以太网帧头,但是重新规定了内部报文格式和内容。

● 通过端口②将 FED 数据帧发往后续的从站。

FED 从站芯片功能和任务如下:

接收来自端口①的 FED 数据帧;

● 在数据帧的规定位置读出属于本从站的控制指令;

● 将本从站的状态数据写入数据帧的规定位置;

● 将 FED 数据帧通过端口②发往后续从站。

图 3.2 给出了 2 种从站示例,伺服电机控制从站和数字量输入输出控制从站。

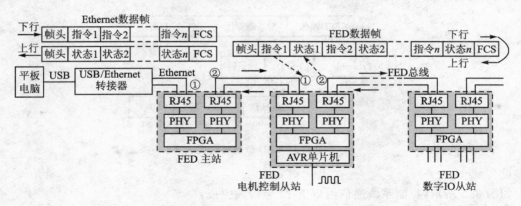

图 3.2　FED 总线系统结构

从站 FPGA 芯片可以直接控制数字量输入输出和控制外部设备。伺服电机控制从站用 AVR 单片机操作从站 FPGA 芯片,读取控制主机发来的位置指令,插补产生位置指令脉冲,控制伺服电机运动。

FED 总线本身数据传输率为 100 Mbit/s,站点连接使用 100BASE-TX 标准电缆,每个站点之间最大距离允许 100 m。主站可以最多挂接 128 个从站。由于变压器传输延迟、PHY 和从站 FPGA 的处理延迟,每个从站大约有 400 ns 总延迟,对数控系统控制功能不会产生影响。

由于主控制器(平板电脑)通过 USB 和 USB/Ethernet 转接器连接 FED 主站,实际的数据传输速度取决于 USB 总线,目前主流 USB 传输速度为 10 Mbit/s,能够满足常规数控系统系统控制需求。

3.2.2　FED 数据帧格式

在 FED 协议中,主站把向从站发送的所有信息打包到一个数据帧内,这种数据帧称为集总帧。由于通用以太网需要考虑载波侦听的碰撞检测机制的效率问题,规定网络上传输的帧长度不能超过 1 536 字节。FED 使用全双工传输,由于没有冲突检测和回退机制,FED 集总帧的长度可以超过普通以太网规定的标准帧长度。

FED 数据帧的格式如图 3.3 所示。FED 协议规定的"FED 帧头"包含了"Preamble"、"SFD"和"标识码"三个字段。"Preamble"和"SFD"是指 IEEE802.3 标准所规定的前导码和帧起始界定符。"标识码"包含"U/D"、"保留"和"帧类型"三个字段:"U/D"位用来标记该数据帧传输方向(上行或下行);"保留"是系统保留的扩展功能控制位;"帧类型"用来标示数据帧的类型。

"数据区"是数据帧的具体内容,即每个从站的指令数据和状态数据。可以根据需要配置指令数据和状态数据的长度,主站为每个从站规定了指令数据和状态数据的位置和长度。

"FCS"是 CRC32 的帧校验序列。

3.2.3　控制系统通信机制

数控系统软件启动后,通过平板电脑 USB 接口向 FED 主站发送 ARP 请求报文以寻找指定的网络地址。FED 主站向平板电脑返回 ARP 响应报文,表示平板电脑与 FED 主站的网络连接建立成功,数控系统能够与外部设备通信。ARP 是地址解析协议的缩写,ARP 的具体内

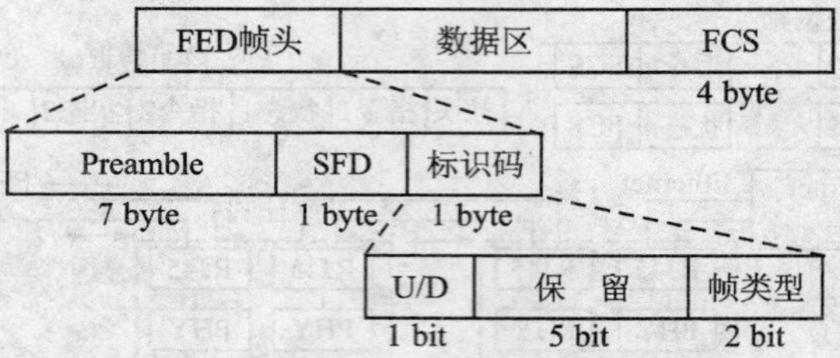

图 3.3　FED 数据帧格式

容参见文献[9]。

如图 3.2 所示,控制系统通信由以下 15 个阶段完成:

(1) 平板电脑(主控制器)发出控制命令;

(2) 命令数据经过 USB/Ethernet 转接器成为标准以太网数据帧格式,包括帧头、数据段和校验码 FCS;

(3) 标准以太网数据帧由 FED 主站端口①和 PHY 芯片进入主站控制器 FPGA 芯片;

(4) FED 主站控制器将标准以太网数据帧转换成 FED 数据帧;

(5) FED 主站控制器将 FED 数据帧由端口②发送给后续的 FED 从站(下行);

(6) FED 数据帧由 FED 从站端口①和 PHY 芯片进入从站控制器 FPGA 芯片;

(7) FED 从站控制器从 FED 数据帧的本从站指令数据位置获得控制指令,并执行;

(8) FED 从站控制器将状态数据写入 FED 数据帧的本从站的状态数据位置;

(9) FED 从站控制器将 FED 数据帧由端口②发送给后续的 FED 从站;

(10) 后续的从站重复(7)、(8)、(9)动作;

(11) FED 数据帧由最后一个 FED 从站返回(上行);

(12) FED 到达 FED 主站端口②;

(13) FED 主站控制器 FPGA 将 FED 数据帧转换成标准以太网数据帧;

(14) FED 主站控制器 FPGA 通过端口①将标准以太网数据帧发送给 USB/Ethernet 转接器;

(15) 状态数据帧通过 USB 接口返回平板电脑(主控制器)。

第4章 Java 编程语言

Java 语言是一个功能强大的跨平台程序设计语言,是目前应用最为广泛的计算机语言之一。本章主要介绍 Java 的基本特点、开发环境、程序结构、数据类型、表达式和运算符,以及编写数控系统软件所涉及的部分语法要点。Android 应用程序采用 Java 语言编写,本章介绍的内容是编写平板电脑数控系统程序的基础,读者可以查阅其他相关参考书来了解更详细的 Java 语法规则。

4.1 Java 程序设计

4.1.1 Java 的特点

Java 是一种面向对象的编程语言,它具有卓越的通用性、高效性、平台移植性和安全性,广泛应用于个人计算机、数据中心、游戏控制台、科学超级计算机、移动电话和互联网。Java 语言的广泛应用和它具有的特点密不可分,本节简单介绍 Java 的特点,这也说明了使用 Java 编写数控系统程序的优势和特色。

1. 面向对象

Java 是完全面向对象的语言。Java 提供了类的机制,在对象中封装了成员变量和方法,实现了数据的封装和信息隐藏。类通过继承和多态,实现了代码的复用。

2. 简洁有效

Java 省略了 C++语言中难以理解、容易混淆的特性,例如头文件、指针、结构、单元、运算符重载、虚拟基础类等。因此 Java 更加严谨、简洁。

3. 安全性

Java 摒弃了指针,一切对内存的访问都必须经过对象的实例变量来实现,防止了以不法手段访问对象的私有成员,同时避免了指针操作中容易产生的问题。Java 的运行环境提供了字节码校验器、类装载器和文件访问限定功能等内部安全机制,保证了 Java 程序和系统资源的安全性。

4. 操作平台无关性

Java 程序在编译器中被转化成与平台无关的字节码指令,因此相同的程序不需要更改就可以在各种操作系统上运行。平台无关的特性使得 Java 程序可以方便地移植到不同的机器上。

5. 多线程

Java 是第一个在语言级提供内置多线程支持的高级语言,这大大简化了多线程程序的编写。

4.1.2　开发环境

Java 程序的开发环境可以分为开发工具集（Java Development Kit，JDK）和集成开发工具（Integrated Development Environment，IDE）。

1. 开发工具

JDK 是 Sun 公司的 Java 开发工具集，它包括了 Java 运行环境、Java 工具和 Java 基础类库，可以免费从 Oracle 公司的网址 http://www.oracle.com 下载。

2. 集成开发工具

除了 JDK 以外，一些集成开发工具为我们提供了更为方便的交互式开发环境。广泛使用的 IDE 包括 Eclipse、NetBeans、JBuilder、Sun ONE Studio 5 和 IntelliJ IDEA。其中 Eclipse 是 IBM 公司开发的一个开放源代码的、基于 Java 的可扩展开发平台。Eclipse 附带了一个标准的插件集（包括 JDK），它是非常重要的 Java 开发工具。Eclipse 同样是 Android 的开发工具，因此本书使用 Eclipse 编写和运行全部程序代码。本书将在第 5 章介绍使用 Eclipse 搭建 Android 开发环境的方法。

4.2　Java 语言基础

4.2.1　Java 程序的符号集

1. 关键字

关键字也称为保留字，是系统预定义的具有专门意义和用途的符号。表 4.1 列出了 Java 语言的全部关键字。表中具有 * 标记的关键字被保留，当前尚未使用。

表 4.1　Java 的关键字

Java 的关键字							
abstract	boolean	break	byte	byvalue *	case	cast *	catch
char	class	const *	continue	default	do	double	else
extends	false	final	finally	float	for	future *	generic *
goto *	if	implements	import	inner *	instanceof	int	interface
long	native	new	null	operator *	outer *	package	private
protected	public	rest *	return	short	static	super	switch
synchronized	this	throw	throws	transient	true	try	var *
void	volatile	while					

2. 标识符

Java 中的包、类、方法、参数和变量的名称，可以由任意的大小写字母、数字、下画线"_"和美元符号"＄"组成。标识符不能以数字开头，也不允许使用 Java 中的关键字。以下是标识符示例：

```
Student    UserNames    _style    ＄money    val12
```

3. 注　释

为程序添加注释可以解释程序中某些语句的作用和功能,提高程序的可读性。Java 的注释可以分为以下三种类型。

(1) 单行注释　其形式为“//＋注释内容”。表示从双斜线“//”开始直到此行末尾均作为注释。

(2) 多行注释　其形式为“/＊注释内容＊/”。表示从“/＊”开始,直到“＊/”结束均作为注释。

(3) 文档注释　其形式为“/＊＊注释内容＊/”。表示从“/＊＊”开始,直到“＊/”结束均作为注释。用这种方式注释的内容会被解释成正式文档,并能包含进入 javadoc 等工具生成的文档里。

4.2.2　Java 程序的基本组成

由 Java 的各种符号可以构成 Java 应用程序。本节通过一个简单的程序说明 Java 应用程序的基本结构,该示例程序的功能是在屏幕上显示字符串“Hello world!”。如下所示:

```
public class JavaHelloWorld{                    //类定义
    public static void main(String args[]){     //定义 main 方法
        System.out.println("Hello world!");      //系统标准输出方法
    }
}
```

1. 分隔符

示例程序中使用的分割符包括回车符“enter”、空格符、制表符、分号“;”和大括号“{}”。其中大括号表示类和方法的开始与结束,程序中的大括号的数目必须要成对匹配。

2. 类定义

Java 程序都是由类组成的。示例程序第 1 行定义了一个名称为 JavaHelloWorld 的类。关键字 class 是类的标志,public 是用来修饰 class 的,说明该类是公共类。class 语句后面是一对大括号,其中的内容就是类的成员。本示例中为该类定义了一个 main 方法。

3. main 方法

示例程序的第 2 行定义了 main()方法,它是 Java 程序的执行入口。含有 main()方法的类称为主类。一个 Java 程序中只能包含一个主类。关键字 static 表示 main()方法是静态方法,void 表示方法无返回值,String args[]是方法的参数。方法声明语句后是一对大括号,其中的内容就是方法的主体。

4. 方法主体

示例程序第 3 行是 main()方法的主体,它调用了系统标准输出方法 System.out.println(),向屏幕输出字符串“Hello world!”。

4.2.3　常量与变量

常量是固定不变的量,一旦被定义,它的值就不能再被改变。常量名称通常使用大写字母表示,但这不是硬性要求。常量使用 final 修饰符进行声明,以下是常量的声明示例:

```
final int MAX_AXIS = 127;
final double PI = 3.1415926;
```

变量为指定的内存空间命名,它的值可以被改变。变量的作用域是指可以访问该变量的程序代码范围。按照作用域的不同,变量可以分为类成员变量和局部变量。类成员变量在类的声明体中声明,它的作用域为整个类;局部变量在方法体或者方法的代码块中声明,它的作用域为它所在的代码块。变量的名称遵循标识符的命名规则,以下是变量的声明示例:

```
float feed_next_block;
int g0123, g01789;
```

4.2.4　数据类型

基本数据类型是指 Java 固有的数据类型,可以分为整数类型、浮点类型、字符型和布尔型。Java 的基本数据类型说明如表 4.2 所列。

表 4.2　Java 的基本数据类型

名　称	功　能	关键字	长度/位	范　围	默认值
整数类型	字节型	byte	8	$-2^7 \sim 2^7-1$	0
	短整型	short	16	$-2^{15} \sim 2^{15}-1$	0
	整　型	int	32	$-2^{31} \sim 2^{31}-1$	0
	长整型	long	64	$-2^{63} \sim 2^{63}-1$	0
浮点类型	浮点型	float	32	$-3.4 \times 10^{38} \sim 3.4 \times 10^{38}$	0.0F
	双精度型	double	64	$-1.7 \times 10^{308} \sim 1.7 \times 10^{308}$	0.0D
字符型		char	16	$0 \sim 65535$(Unicode 符号)	\u0000
布尔型		boolean	8	true,false	false

Java 有严格的数据类型限制。数据类型的转换方式可以分为隐式转换及强制转换。

隐式转换分为两种情况:

(1) 在赋值操作时,如果将较短类型数据赋给较长类型,类型转换由编译系统自动完成;

(2) 在计算过程中,如果一个较短类型与较长类型进行运算,系统会自动把较短类型数据转换成较长类型数据后再进行运算。

以下是隐式数据类型转换的示例:

```
double x = 100; //整数型数据 100 被隐式转化成 double 类型
```

强制转换的语法格式和示例如下:

```
(数据类型)表达式
int result = (int)2.45; //浮点型数据 2.45 强制转化成 int 类型,值为 2
```

4.2.5　运算符和表达式

运算符是执行数学和逻辑运算的标示符,Java 语言的运算符非常丰富。表达式是由常量、变量或是其他操作符与运算符所组合而成的语句。表达式是组成程序的基本部分。表 4.3

列举了 Java 的运算符的优先级、类型，并给出了对应的表达式示例。

表 4.3　Java 的运算符和表达式

优先级	类型名称	运算符	表达式示例
1	结合运算	( )	(a + b) / c
	数组变量标示符	[ ]	inp.ax.pos[1]
	引　用	.	
2	逻辑否	!	! value
	正号、负号	+、-	- i
	按位取反	~	~value
	递增、递减	++、--	i + +
3	乘、除、取余	*、/、%	a/b　c * 5　d % 10
4	加、减	+、-	e + f
5	位左移、位右移	<<,>>	value << 8
6	大于、大于等于、小于、小于等于	>、>=、<、<=	cycle_counter > = cycleTimes
7	等于、不等于	==、! =	cmd.decode = = CMD.DO
8	按位与	&	a & b
9	按位异或	^	a ^ b
10	按位或	|	a | b
11	逻辑与	&&	rslt1 = = true && rslt2 = = false
12	逻辑或	||	rslt1 = = true || rslt2 = = false
13	条件运算符	?:	rslt1 = = true ? val = 5 : val = 1
14	赋值运算符	=	

4.2.6　控制语句

控制语句用于控制计算机完成规定的程序分支和引用。表 4.4 是控制语句关键字的语义和示例。

表 4.4　控制语句关键字

语句关键字	语　义	示　例
return	从语句块中返回	return;

if	条件判断语句	if(a<0){
		　b = 1;
		}

续表 4.4

语句关键字	语 义	示 例

else if
else
	阶梯型条件判断语句	`if(a<0){`
		　`b=1;`
		`}`
		`else if(a=0){`
		　`b=2;`
		`}`
		`else{`
		　`b=3;`
		`}`

switch
case
default
	多分支条件语句	`switch(i){`
		　`case 1: b=11; break;`
		　`case 2: b=12; break;`
		　`case 3: b=13; break;`
		　`default: b=14; break;`
		`}`

for	循环语句	`for(i=0; i<3; i++){`
		　`a=i*5;`
		`}`

while	条件循环语句	`i=0;`
		`while(i<3){`
		　`a=i*5;`
		　`i++;`
		`}`

break	从条件或循环语句块中退出	`break;`
continue	终止当前循环,执行下一次循环	`continue;`
;	空语句	`;`
try catch finally throw	与异常处理相关语句(见 4.3.5)	(见 4.3.5)
import	包引用语句(见 4.3.6)	(见 4.3.6)

4.3　数控系统程序设计的 Java 语法要点

4.3.1　类和对象

1. 类的定义

将具有相同属性及相同行为的一组对象称为类,它是 Java 程序的基本组成单元。类、属性和方法的定义格式如下：

```
[修饰符] class 类名[extends 父类名][implements 接口 1,接口 2]{
    类属性声明:[修饰符] 属性类型 属性名
    类方法声明:[修饰符] 返回值类型 方法名(形式参数表)[throw 异常]{}
}
```

（1）修饰符定义了类、属性和方法的访问特性及其他特性，修饰符包括 public、private、protected、static、final 和 abstract 等。

（2）继承是由现有的类创建新类的机制。子类（新的类）通过关键字 extends 继承父类（被继承的类）。Java 的类只能有一个直接父类，使用接口可以实现多重继承。一个类可以通过关键字 implements 实现一个或多个接口。

（3）类属性也称为字段或成员变量，它的作用域是整个类。

（4）类方法定义了该类的对象所能完成的某一项具体功能。类的构造方法是一种特殊的方法，它的定义方式与普通方法的区别包括以下三点：

① 构造方法的名称和类名相同；

② 构造方法没有返回值；

③ 构造方法在创建对象时被自动调用。

以下是数控系统程序中插补器类_interpolator 的部分示例代码：

```java
public class _interpolator {
    // 构造方法
    _interpolator(
        _cable_intpl_block intpl_bl,
        _cable_sys_operation cmd,
        _par_intpl par,
        _cable_intpl_pos outp,
        _cable_sys_info info) {
            // 略
        }

    // 属性定义
    float v_now;
    //其他的属性略

        // 方法 1:创建子模块
        private void create_sub_func(){
        // 略
    }

        // 方法 2:实现插补功能
        public   void active() {
        // 略
    }
}
```

2. 创建对象

Java 程序用类创建对象,通过对象之间的信息传递完成各种功能。创建对象就是在内存中开辟一段空间,存放对象的属性和方法。创建对象分为声明对象和实例化对象两个步骤,它们的格式如下:

```
类名 对象名;                          //对象的声明
对象名 = new 类名(参数列表);          //对象的实例化
```

也可以将两个步骤合为一个步骤,如下:

```
类名 对象名 = new 类名(参数列表);     // 对象的声明和实例化
```

以下是数控系统程序中插补器类 _interpolator 的声明和实例化的示例代码:

```
// 声明一个名称为 interpolator 的对象
_interpolator    interpolator;
// 实例化 interpolator
this. interpolator = new _interpolator(
    cable_intpl_block,
    cable_sys_operation,
    par_intpl,
    cable_intpl_pos,
    cable_sys_info);
```

3. 对象的使用

通过访问对象的属性和方法可以使用对象,需要使用引用运算符"."完成,其格式如下:

```
对象名.属性名              //使用对象中的属性
对象名.方法名              //使用对象中的方法
```

以下是数控系统程序中使用对象 interpolator 的属性和方法的示例代码:

```
this. interpolator. v_now      //使用对象 interpolator 的 v_now 属性
this. interpolator. active()    //使用对象 interpolator 的 active 方法
```

4.3.2　枚举类型

Java5 以后版本开始支持枚举类型。当需要一个有限集合,而且有限集合中的数据为特定值时,可以使用枚举类型。枚举类型的定义使用关键字 enum,其语法格式如下:

```
enum 枚举类型名{
    枚举值;
}
```

以下是数控系统程序中表示运行模式的枚举类型 OP_MODE 的示例代码:

```
public enum OP_MODE {
    AUTOMATIC,          //自动模式
    JOG,                //手动模式
    EDIT,               //编辑模式
    NULL                //空闲
}
```

4.3.3　数　组

数组是类型相同的有序数据集合,提供数据的顺序操作和处理机制。

1. 数组的声明和初始化

下面以一维数组为例介绍数组的声明和初始化过程。

一维数组的声明和初始化方法为:

```
数组类型[] 数组名;
数组名 = new 数组类型[元素数目];
```

或

```
数组类型[] 数组名 = new 数组类型[元素数目];
```

以下是一个元素数目为 N 的整型变量数组 a 的声明和初始化示例:

```
int[] a = new int[N];
```

2. 数组的引用

Java 的数组元素引用方法与 C 语言相同,下面是一个一维数组的引用示例:

```
b = a[i];
```

3. 多维数组

使用多维数组可以处理更复杂的数据结构。以下是一个二维数组的声明和初始化示例:

```
int[][] a = new int[N][M];          //N 和 M 是整型变量或常数
```

4.3.4　String 类

1. String 类字符串的初始化

使用 String 类可以定义字符串对象。以下是声明和初始化字符串的示例:

声明字符串对象 s1

```
String s1;
```

用关键字 new 创建空白字符串对象 s2

```
String s2 = new String();
```

用赋值方式声明和初始化一个字符串对象 s3

```
String s3 = "OK!";
```

2. String 字符串与基本数据类型之间的转换

基本数据类型如表 4.2 所列。互相转化成 String 类字符有以下两种方法:

(1) Java 提供 String. valueOf()静态方法,它的功能是返回变量的字符串形式。例如:

```
int num = 12345;
String str1 = String.valueOf(num);         //str1 的内容是"12345"
```

（2）使用"字符串＋操作数"时，操作数会被自动转换为字符串类型。例如：

```
int axisNum = 8;
String str2 = "最大轴数" + axisNum;        //str2 的内容是"最大轴数 8"
```

基本数据类型都有一个对应的包装类（Wrapper Class），例如：int 类型对应 Integer 类，float 类型对应 Float 类。调用这些包装类的相应方法即可实现 String 类字符串向基本数据类型的转化。例如：

```
String s1 = "10";
int i = Integer.parseInt(s1);
String s2 = "3.14"
float f = Float.parseFloat(s2);
```

4.3.5 异常处理

异常是程序运行过程中发生的、会打断程序正常执行的事件，例如：被 0 除溢出、数组越界、文件丢失等都属于异常情况。4.3.4 节的方法 parseInt() 和 parseFloat() 执行 String 字符串转化时，如果字符串不合法也会抛出异常。

Java 提供了 try-catch-finally 语句，用以实现异常的捕获和处理。其格式如下：

```
try{
    可能抛出异常的语句块
} catch(异常类 异常对象){
    发生异常时的处理语句
} finally{    // finally 语句块是可以省略的
    一定会运行到的程序代码
}
```

使用 try-catch-finally 语句后，String 类字符串转化成基本数据类型的完整代码如下：

```
try{
    String s1 = "10";
    int i = Integer.parseInt(s1);
    String s2 = "3.14"
    float f = Float.parseFloat(s2);
} catch(NumberFormatException exp){
    // 发现非法字符,报警
    略
}
```

Java 还支持在程序中使用关键字 throw 抛出异常及自定义异常种类。请读者查阅相关 Java 语法参考书了解这些语法规则的详细内容。

4.3.6 包的应用

包（package）又称为类库，是 Java 语言的重要部分。包是类和接口的容器，用于分隔类名空间，一般将一组功能相近或者相关的类和接口放在一个包，不同包中的类名可以相同。

　　创建包是指在当前目录下创建与包名结构一致的目录结构,并将指定的类文件放入该目录。包的声明使用关键字 package。package 语句必须是 Java 代码文件的第一条可执行语句,而且一个文件中最多只能有一条 package 语句。以下是数控系统程序中包的声明语句,它指明该文件定义的类属于包 buaa.lnc.pad_nc:

```
package buaa.lnc.pad_nc;          //数控系统程序包
类的定义
```

　　包的引用分为两种方式。

　　第一种方式是将包名作为类名的一部分,采用"包名.类名"的格式访问其他包中的类。例如要访问 java.util 包中的 Timer 类,则该类可以写成 java.util.Timer。

　　第二种方式是使用通过 import 命令将某个包内的类导入,程序代码不用写被引用的包名。例如在代码的开始部分加上 import java.util.*;则在程序的其他地方可以直接访问 Timer 类。以下是 import 语句的示例代码,其中通配符"*"代表包中的所有类,如

```
import java.net.*;                //引用 java.net 包的全部类
import android.widget.Button;     //引用 Android 系统的 Button 控件
```

　　JDK 中包括多种实用的包,如表 4.5 所列。java.lang 包是编译器自动加载的,因此使用该包中的类时,可以省略 import java.lang.* 语句。

表 4.5　Java 的常用包

包名称	功　能
java.lang	包含 Java 语言最基础的类,如数据类型包装类、String、Math、System 等
java.util	包含一些实用的工具类,如系统特性、与日期时间相关的类
java.text	包含各种文本、日期格式的类
java.net	包含执行与网络相关的操作的类

4.3.7　数学运算

　　java.lang 包中提供了一个 Math 类,Math 类包含用于执行数学运算的方法,如初等指数、对数、平方根和三角函数等。表 4.6 和表 4.7 分别列举出了 Math 类中静态常量和常用的方法。

表 4.6　Math 类的静态常量

常量名称	含　义	数　值
E	自然对数的底数(e)	2.7182818284590452354
PI	圆的周长与直径比(π)	3.14159265358979323846

表 4.7　Math 类的常用方法

方法名称	功　能	示　例
abs	计算绝对值	a = Math.abs(b);

方法名称	功　能	示　例
acos	计算反余弦；返回的角度范围在 $0.0\sim\pi$ 之间	a = Math.acos(b);
asin	计算反正弦；返回的角度范围在 $-\pi/2\sim\pi/2$ 之间	a = Math.asin(b);
atan	计算反正切；返回的角度范围在 $-\pi/2\sim\pi/2$ 之间	a = Math.atan(b);
atan2	计算极坐标的角度值(θ)	a = Math.atan2(y,x);
cbrt	计算立方根	a = Math.cbrt(b);
cos	计算角的余弦值	a = Math.cos(b);
exp	计算自然对数的底数 e 的指数	a = Math.exp(b);
log	计算自然对数	a = Math.log(b);
log10	计算底数为 10 的对数	a = Math.log10(b);
max	取最大值	a = Math.max(b,c);
min	取最小值	a = Math.min(b,c);
pow	计算幂指数	a = Math.pow(b,c);
random	返回一个大于等于 0.0 且小于 1.0 的随机数	a = Math.random();
round	计算四舍五入的整数值	a = Math.round(b);
sin	计算角的正弦值	a = Math.sin(b);
sqrt	计算平方根	a = Math.sqrt(b);
tan	计算角的正切值	a = Math.tan(b);
toDegrees	将用弧度表示的角转换为近似相等的用角度表示的角	a = Math.toDegrees(b);
toRadians	将用角度表示的角转换为近似相等的用弧度表示的角	a = Math.toRadians(b);

第5章 Android 操作系统

Android 系统是 Google 公司发布的基于 Linux 开源内核的、面向手持移动设备应用的操作系统平台。本章介绍 Android 系统的框架、开发环境配置、程序结构、与数控系统程序相关的开发要点，以及与数控系统相关的实时性能测试。

5.1 Android 开发概述

5.1.1 Android 系统框架

Android 系统框架如图 5.1 所示。Android 系统采用了软件分层和模块化结构，由以下部分组成：

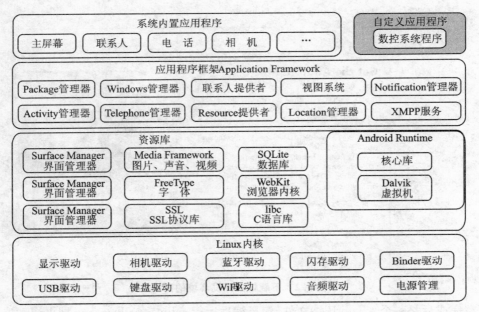

图 5.1 Android 系统框架

（1）Linux 内核：Android 基于 Linux2.6 提供核心系统服务。

（2）资源库：采用 C/C++语言编写的底层核心库。应用程序不能直接访问资源库，只能通过应用程序框架访问。

（3）Android Runtime：Google 公司提供的 Java 虚拟机——Dalvik 虚拟机。

（4）应用程序框架：由 Google 公司提供的开放开发平台和接口。

（5）系统内置应用程序：Android 系统内置的常用应用程序，包括电话、相机等。

（6）自定义应用程序：开发者使用 Java 语言编写的自定义应用程序。本文设计的数控系统软件就是一个 Android 自定义应用程序。

5.1.2　Android 应用程序开发环境的建立

Android 应用程序是在 Eclipse 下使用 Java 语言开发的。它的开发环境包括以下组件：

（1）Eclipse　Eclipse 是一个可扩展的开发平台，4.1.2 节简单介绍了它的特点。

（2）ADT　　ADT（Android Development Tools）是 Google 提供的 Eclipse 插件，安装 ADT 后的 Eclipse 即成为 Android 应用的集成开发工具。

（3）Android SDK　它是 Google 提供的 Android 应用程序的开发工具集，包括平台系统、模拟器系统、调试工具、类库和参考文档等。

开发者可以从互联网上免费下载上述三个组件，并且手动搭建 Android 应用程序开发环境，具体的步骤在许多相关教材中都有所介绍。这种方式存在诸多缺点，尤其是各组件的版本冲突常常会导致安装失败。Google 提供了一个已经搭建好的集成开发环境，下载网址为 http://developer.android.com/sdk/index.html。如图 5.2 所示，单击"Download the SDK"按钮，接受"协议许可"协议并选择系统类型后，即开始下载。

图 5.2　下载集成开发环境的网页

下载完成后是一个 *.zip 压缩文件，解压缩后运行 eclipse/eclipse.exe 即可启动这个开发环境。建立完整的开发环境还需要以下两个步骤：

1. 下载或更新 Android SDK

单击菜单 Window->Android SDK Manager，或者单击工具栏的按钮，启动 Android SDK 管理器，如图 5.3 所示。当前 Android 系统存在多个版本，使用 Android SDK 管理器，可以选择性的安装或更新各个版本的开发组件。

2. 配置虚拟设备（Android Virtual Device，AVD）

AVD 是在开发环境中模拟实际设备的软件工具，为开发者提供方便的配置和测试手段。不同的 AVD 可以模拟不同的 Android 系统版本、屏幕尺寸、内存空间等特征的硬件设备。单

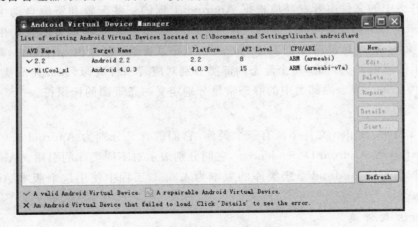

图 5.3 Android SDK 管理器

击菜单 Window—＞Android Virtual Device Manager，或者单击工具栏的 按钮，启动 Android 虚拟设备管理器，如图 5.4 所示。使用该管理器可以新建、修改和删除 AVD。

图 5.4 Android 虚拟设备管理器

5.1.3 Android 工程的结构和运行

Android 开发环境运行后如图 5.5 所示。当前加载的 Android 工程（Project）即是本文设计的数控系统程序，名称为 Pad - NC。如图 5.5 所示，Android 工程由以下 8 个主要部分组成。

1. src 文件夹

src 文件夹存放源文件，开发者编辑代码的主要工作都集中在这里完成。这个目录支持 Java 包的组织方式。

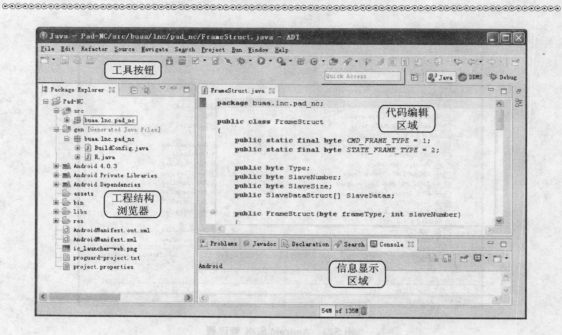

图 5.5　Android 开发环境运行界面

2. gen 文件夹

gen 文件夹中的文件由开发环境根据 Android 工程的一些配置和资源自动生成,不需要开发者自己来维护。gen 文件夹中包含一个 R. java 文件,它是非常重要的自动生成代码,主要功能是定义资源的标识符。查看 R. java 文件可以看到,它是由 attr、drawable、layout、string 等若干静态内部类组成,每个静态内部类分别对应着一种资源,如 layout 类对应 layout 中的界面文件。每个静态内部类中的静态常量分别定义一条资源的标识符。

3. 库　类

如图 5.5 所示,在 gen 文件下面有三个类库,它们的含义分别为 Android 4.0.3、Android Private Libraries 和 Android Dependencies,它们分别表示对不同类库的引用。Android 4.0.3 表示当前工程引用的 Android 系统类库的版本为 4.0.3,工程中使用这个版本 Android SDK 提供的核心 API。

4. asserts 文件夹

asserts 文件夹可以让用户管理任意类型的文件,但是由于 Android 已经提供了比较完善的应用数据和资源管理的方式,这个功能并不常用。

5. bin 文件夹

bin 文件夹中存放 Android 工程编译后产生的文件,编译 Android 工程生成的应用程序安装文件(* . apk 文件)也在这个文件夹中。

6. libs 文件夹

libs 文件夹中存放当前工程要使用的第三方类库。

7. res 文件夹

在这个文件夹中可以定义和保存各种资源文件,如 layout 界面分布、value\strings 字符串、drawable 界面元素、主题、甚至是声音视频等等内容。

8.　AndroidMainfest. xml

这是 Android 应用工程的配置文件,它定义了当前 Android 工程的名称、版本、图标、应用权限、视图和行为等各种配置信息。

代码编写完成后,需要设定工程的运行参数。单击 Run 菜单→Run Configurations,弹出如图 5.6 所示的对话框。在 Target 选框内设定工程的运行环境,可以选择虚拟设备 AVD 或真实的 Android 设备。

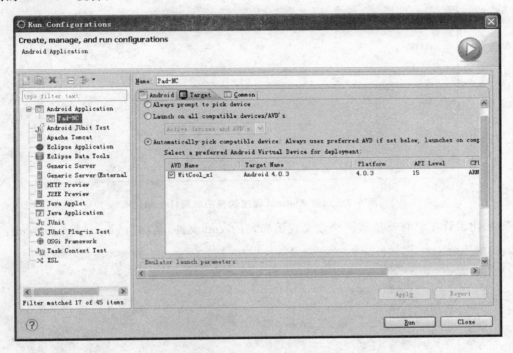

图 5.6　Android 工程运行参数配置

单击 Run 菜单→Run 可以直接运行所建立的工程(快捷键为 Ctrl+F11)。如果工程的运行环境被设定为虚拟设备,会启动一个相应的 AVD,并自动加载该工程运行。如果工程的运行环境被设定为真实设备,与编程计算机相连的 Android 设备会自动加载该工程运行。工程运行后,bin 文件夹内会自动生成一个 *. apk 文件,它是该工程的安装包。单击 Run 菜单→Debug 还可以对工程进行调试(快捷键为 F11)。

5.2　数控系统程序设计的 Android 开发要点

5.2.1　Activity 和视图布局

Activity 是 Android 提供给用户显示信息和进行交互操作的界面,比如单击一个按键、显示一段文字、显示一幅图片等。Activity 通过一个 xml 文件定义界面的视图布局,ADT 和 Eclipse提供了一个图形化界面设计工具,完成界面视图布局设计,自动生成一个描述视图布局的 xml 文件,名称为 activity_main. xml,保存在 res/layout 文件夹。

下面以一个示例程序说明 Android 程序界面布局设计和编程方法。

1. 构建界面视图

新建一个名称为 HelloWorld 的工程,使用图形化设计工具为界面加入一个文本显示控件(TextView)和按键控件(Button),在文本控件中显示文字"Hello world",如图 5.7 所示。

图 5.7　示例 Android 程序的视图布局(layout)

图形化设计工具自动生成一个定义视图布局的 xml 文件,名称为 activity_main. xml:

```
<RelativeLayout
    xmlns:android = "http://schemas.android.com/apk/res/android"
    xmlns:tools = "http://schemas.android.com/tools"
    android:layout_width = "match_parent"
    android:layout_height = "match_parent" >

    <TextView
        android:id = "@ + id/textView1"
        android:layout_width = "wrap_content"
        android:layout_height = "wrap_content"
        android:layout_alignParentLeft = "true"
        android:layout_alignParentTop = "true"
        android:layout_marginLeft = "39dp"
        android:layout_marginTop = "40dp"
        android:padding = "@dimen/padding_medium"
        android:text = "@string/hello_world"
        tools:context = ".MainActivity" />

    <Button
        android:id = "@ + id/button1"
        android:layout_width = "wrap_content"
        android:layout_height = "wrap_content"
        android:layout_alignLeft = "@ + id/textView1"
```

```
        android:layout_below = "@ + id/textView1"
        android:text = "@string/button_label" />
</RelativeLayout>
```

示例代码的说明如下：

（1）< RelativeLayout >表示采用相对位置布局方式。

（2）< TextView >和< Button >元素分别定义了文本显示控件和按键控件的属性，例如：android:id 是控件的标识符，android:text 是控件的显示文本，android:layout_width 和 android:layout_height 是控件的宽度和高度等。

Android 开发环境同时还自动生成一个名为 mainactivity.java 的类，通过添加代码，可以执行对控件操作的响应和显示功能，即

```
public class MainActivity extends Activity {
  @Override
  public void onCreate(Bundle savedInstanceState) {
    super.onCreate(savedInstanceState);
    setContentView(R.layout.activity_main);

  @Override
  public boolean onCreateOptionsMenu(Menu menu) {
    getMenuInflater().inflate(R.menu.activity_main, menu);
    return true;
  }
}
```

示例程序的说明如下：

（3）MainActivity 继承 Activity 基类：

```
public class MainActivity extends Activity
```

（4）通过 Activity.setContentView()方法为 Activity 指定了视图布局，方法的参数是布局 xml 文件在 R.Java 文件中被定义的标识符：

```
setContentView(R.layout.activity_main);
```

2. 添加操作响应

在自动生成的 Mainactivity 类中添加代码，产生对界面控件操作的响应，例如：单击 Button 控件后，刷新文本控件 TextView 的显示内容，显示"北京航空航天大学.数控和伺服技术实验室"。添加操作响应功能后的示例程序 Mainactivity 如下：

```
public class MainActivity extends Activity {
  @Override
  public void onCreate(Bundle savedInstanceState) {
    super.onCreate(savedInstanceState);

    // 指定视图布局 xml 文件
```

```
        setContentView(R.layout.activity_main);

        // 设定按键的监听类
        Button testButton = (Button) findViewById(R.id.button1);
        testButton.setOnClickListener(testButtonListener);
    }

    @Override
    public boolean onCreateOptionsMenu(Menu menu) {
        getMenuInflater().inflate(R.menu.activity_main, menu);
        return true;
    }

    // 定义按键的监听类
    Button.OnClickListener testButtonListener
        = new Button.OnClickListener(){
        // 按键的单击响应方法
        @Override
        public void onClick(View v){
            TextView textView1
                = (TextView) findViewById(R.id.textView1);
            textView1.setText("北京航空航天大学.数控和伺服技术实验室");
        }
    };
}
```

示例程序的说明如下：

（1）实例并重构一个按键监听类（Button.OnClickListener）testButtonListener，它实现的功能是单击该按键后，textView1 文本显示控件的文字由"Hello World!"变为"北京航空航天大学.数控和伺服技术实验室"：

```
Button.OnClickListener testButtonListener
        = new Button.OnClickListener(){
    // 按键的单击响应方法
    @Override
    public void onClick(View v){
        TextView textView1
            = (TextView) findViewById(R.id.textView1);
        textView1.setText("北京航空航天大学.数控和伺服技术实验室");
    }
};
```

（2）将定义好的按键监听类指定给 button1 按键控件：

```
Button testButton = (Button) findViewById(R.id.button1);
testButton.setOnClickListener(testButtonListener);
```

5.2.2　Socket 编程

Socket 是一种抽象层对象,应用程序可以通过它在网络上发送数据,从而实现计算机设备之间以及网络应用程序之间的数据通信。最常用的 Socket 分为两种:流嵌套字(Stream Socket)和数据报嵌套字(Datagram Socket)。其中流嵌套字使用 TCP 作为其连接协议,可以提供一个可信赖的字节流的传输;而数据报嵌套字则使用 UDP 协议,提供一个"尽力而为"的数据报传输服务。

为了简化通信流程,数控系统采用数据报嵌套字(即 UDP 协议)实现 Android 平板电脑与外部设备之间的数据传输。

DatagramSocket 和 DatagramPacket 是与数据报嵌套字相关的关键类。DatagramSocket 表示接收或发送数据报的嵌套字,DatagramPacket 表示存放数据的数据报,它们都在 java. net 包中。以下是使用 DatagrameSocket 发送并接收一个 UDP 数据帧的示例代码:

```
String dst_host = "192.168.1.113";        //网络通信的目的地址
int dst_port = 0x923;                      //UDP 的目的端口号
int src_port = 0x807;                      //UDP 的源端口号
byte[] sendData = new byte[4]{1, 2, 3, 4}; //等待发送的数据
DatagramSocket usk;                        //定义 DatagramSocket 对象

try {
  // DatagramSocket 的实例化
  usk = new DatagramSocket(src_port);
  // 解析网络地址
  InetAddress serverAddress = InetAddress.getByName(dst_host);

  // 创建一个用于发送的 DatagramPacket 对象
  DatagramPacket sendPacket = new DatagramPacket(sendData, sendData.length, serverAddress, dst_
port);
  // 使用 send 方法发送数据帧
  usk.send(sendPacket);

  // 创建一个空的 DatagramPacket 用来存放接收到的数据
  byte[] recvBuff = new byte[512];
  DatagramPacket recvPacket = new DatagramPacket(recvBuff, 512);
  // 设定接收数据的等待时间,参数单位是 ms
  this.udp_socket.setSoTimeout(5);
  // 使用 receive 方法接收客户端发送的数据
  usk.receive(recvPacket);
  // 处理返回数据,省略
}
catch (Exception e){
  e.printStackTrace();
}
finally{
```

```
    // 关闭 DatagramSocket 对象
    if(usk != null) usk.close();
}
```

示例程序的说明如下：

（1）变量定义

dst_host：网络通信的目的地址。使用符合网络地址格式规定的任意字符串型变量，例如："192.168.1.113"、"www.baidu.com"等。

dst_port：UDP 目的端口号。有些端口号已经被特殊应用层协议占用，例如 TFTP（简单文件传输协议）对应的 UDP 端口号是 69。从 1024 到 65535 是动态端口号，可以供网络通信服务自由使用，示例程序中的目的端口号 0x923（2339）就是一个动态端口号。

srt_port：UDP 源端口号，取值范围同 dst_port，示例程序中的源端口号 0x807（2055）也是一个动态端口号。

sendData：被发送数据的示例。

usk：示例程序使用的数据报嵌套字。

（2）DatagramSocket 类的部分方法可能会抛出异常，因此对应的代码必须放在异常处理块（try-catch-finally）中。

（3）使用 DatagramSocket(int port)构造方法创建数据报套接字，同时将其绑定到本地主机上的指定端口，IP 地址由系统内核指定。在示例程序中，数据报套接字 usk 被绑定到由变量 src_port 定义的端口上（端口号是 0x807），usk 的 IP 地址由 Android 操作系统指定，即

```
usk = new DatagramSocket(src_port);
```

（4）InetAddress 类表示网络地址，示例程序中使用 InetAddress.getByName()方法解析由 dst_host 定义的网络地址，即

```
InetAddress serverAddress = InetAddress.getByName(dst_host);
```

（5）实例化一个 DatagramPacket 变量作为被发送的 UDP 数据帧，该 UDP 数据帧的数据内容由变量 sendData 定义，数据长度是 sendData 数组的长度（4），目的地址由变量 dst_host 定义（192.168.1.113），目的端口号由变量 dst_port 定义（0x923），即

```
DatagramPacket sendPacket = new DatagramPacket(sendData, sendData.length, serverAddress, dst_port);
```

（6）使用 DatagramSocket.send()方法发送 UDP 数据帧，即

```
usk.send(sendPacket);
```

（7）接收 UDP 数据帧由以下 3 项操作完成：

① 定义一个接收缓存（512 bytes），实例化一个 DatagramPacket 变量，即

```
byte[] recvBuff = new byte[512];
DatagramPacket recvPacket = new DatagramPacket(recvBuff, 512);
```

② 使用 Datagram.setSoTimeout(int)方法设定接收数据的等待时间，参数单位为毫秒，如果超过指定时间未接收到 UDP 数据帧，抛出 java.net.SocketTimeoutException 异常，即

```
this.udp_socket.setSoTimeout(5);
```

③ 使用 Datagram. receive()接收数据帧：

```
usk.receive(recvPacket);
```

（8）在代码的最后部分，关闭了 UDP Socket，释放了当前的通信连接，即

```
if(usk != null) usk.close();
```

5.2.3　定时器

数控系统中包含大量的周期性定时任务，因此数控系统程序必须使用 Android 系统提供的定时器功能。定时器功能由以下三个类完成：

- Timer：定义和启动定时器；
- TimerTask：定时处理任务；
- Handler：处理消息队列。

在 Android 系统中实现定时器需要执行以下操作：

（1）定义定时器、定时器任务及 Handler 句柄，示例代码如下：

```
private Timer timer = new Timer();
private TimerTask task;
Handler handler = new Handler() {
  @Override
  public void handleMessage(Message msg) {
    super.handleMessage(msg);
    switch(msg.what){
    case 1:    //定义当 Message.what 为 1 时,处理定时任务
      //在此处添加定时任务需要执行的操作
      //代码略
      break;
    }
  }
}
```

（2）初始化计时器任务，示例代码如下：

```
task = new TimerTask() {
  @Override
  public void run() {
    Message message = new Message();
    message.what = 1; // 在 handler 中定义了 what = 1 时处理定时任务
    handler.sendMessage(message);
  }
}
```

（3）启动定时器，示例代码如下：

```
timer.schedule(task, 2000, 2000);    //2 s 后开始定时任务,周期为 2 s
```

示例代码调用了 java. util. Timer. schedule(TimerTask task, long delay, long period)方法,参数 delay 是执行定时任务前的延迟时间,period 是定时任务的周期时间间隔,单位为毫秒。

5.3　周期稳定性测试

数控系统的许多操作,例如加工程序预处理、运动与 PLC 控制、插补器运算等,都是要求定时准确的周期性任务;在本书提供的示例系统中,它们使用同一个定时周期。系统的定时周期值需要根据控制功能要求和平板电脑的实时控制能力来确定。数控系统软件所有的周期性任务(包括以太网数据通信)都在 Android 操作系统的同一个定时线程中完成。本节通过测试和分析平板电脑进行以太网通信时的周期抖动,测试平板电脑的定时周期稳定性,进而确定数控系统软件定时任务周期的合理取值范围。

定时周期测试系统如图 5.8 所示,由三部分组成:

(1) 平板电脑和 USB/Ethernet 转接器。平板电脑的配置是主频 1.5 GHz 单核 CPU、512 MB 内存、Android4.0 原生操作系统。平板电脑运行数控系统程序,其测试定时周期为 10 ms、25 ms、50 ms、75 ms 和 100 ms 等。

(2) 一个 FED 主站和两个 FED 从站。

(3) 数据侦听设备和分析计算机。它是作者团队开发的一套以太网时序特性分析系统,可以测量以太网通信的周期性抖动,获得相应的统计结果。

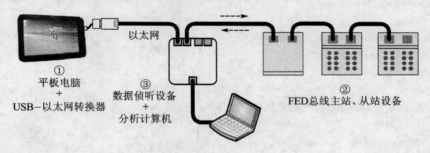

图 5.8　定时周期测试系统

表 5.1 为周期抖动的分析结果。分析该表可以发现:当定时周期值大于 50 ms 时,以太网通信周期性运行比较稳定,表示平板电脑(数控系统)定时周期性能较好。根据周期抖动的测试结果,数控系统的运行周期可以在 50~100 ms 之间选择。基于平板电脑的数控系统的位置控制功能(位置环)在伺服装置上完成,因此这个定时周期能够满足普通性能数控机床和工业机器人的控制要求。

表 5.1　不同定时周期下以太网通信周期抖动分析结果

周期/ms	最大值/ms	最小值/ms	平均值/ms
100	120.119 0	80.343 0	100.138 6
75	95.511 0	55.226 0	75.139 0
50	69.016 0	37.592 0	50.140 4
25	55.907 0	15.052 0	25.644 9
10	70.661 0	0.043 0	10.510 4

　　图 5.9 是定时周期值为 50 ms 时以太网通信的周期波动图和分布图,通过这两个图形结果可以直观的看出平板电脑(数控系统)的定时周期抖动情况。

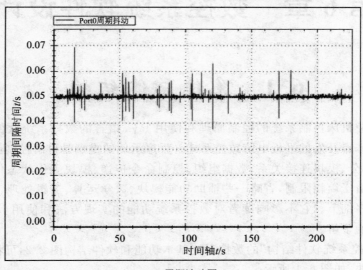

(a) 周期波动图

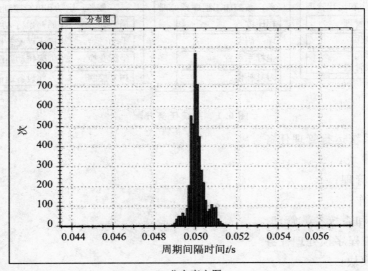

(b) 分布直方图

图 5.9　以太网通信周期稳定性测试结果

第6章　数控系统软件设计

6.1　系统总体结构

本章介绍数控机床控制系统的控制原理和使用Java语言的数控系统软件编程技术。程序示例全部来自作者开发的平板电脑数控系统。程序示例的重点是讲解控制原理、系统结构、程序组织、模块划分、模块连接关系、数据组织、控制命令传递、模块工作状态传递等。为了便于读者理解以及由于篇幅限制,省略一些辅助功能模块、数学运算、逻辑处理、错误报警、命令和状态互锁等程序细节。它不影响读者对数控系统功能的实现方法和使用Java语言编写数控系统软件方法的了解。

根据"2.2 数控系统软件结构"的数控系统基本功能和软件结构图2.2,可将数控系统软件分为3个任务模块,如图6.1所示。

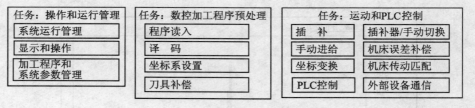

图6.1　系统任务分配

(1)操作和系统运行管理任务

包括以下子模块:

● 系统运行管理;

● 显示和操作;

● 加工程序和系统参数管理。

(2)数控加工程序预处理任务

包括以下子模块:

● 数控程序读入;

● 译　码;

● 坐标系设置;

● 刀具补偿。

(3)运动和PLC控制任务

包括以下子模块:

● 插补器;

● 手动进给;

● 插补器/手动切换;

- 坐标变换；
- 机床误差补偿；
- 机床传动匹配；
- PLC 控制；
- 外部设备通信；

以上 3 个任务模块在 2 个不同的任务周期下工作。典型的任务周期设置为：

① 操作和显示任务周期为 100～150 ms；

② 系统运行管理、数控加工程序预处理、运动和 PLC 控制的任务周期与插补器使用同一周期（插补周期），是系统的最小控制运算周期，根据机床的控制功能要求和平板电脑的实时控制能力来确定。根据 5.3 节的测试结果，数控系统的运行周期可以在 50～100 ms 之间选择。基于平板电脑的数控系统要求位置控制功能（位置环）在伺服装置上完成，这个控制周期能够满足普通精度数控机床和工业机器人控制要求。

为了使数控系统软件在平板电脑和 Android 操作系统下运行，使用 Java 语言完成数控系统软件编程，程序结构如图 6.2 所示。数据系统程序结构由 4 个部分组成：

- 显示和操作；
- 系统运行管理；
- 数控加工程序预处理；
- 运动和 PLC 控制。

数控系统控制程序由功能模块（图 6.2 中的方框）、数据电缆（图 6.2 中的信号线，以前缀 cable_开头）和参数（以前缀 par_开头）组成。功能模块用于完成数控系统软件的一个处理功能；数据电缆用于功能模块之间的数据连接；参数用于为控制模块配置运行参数。每个功能模块、数据电缆和参数对应 Java 语言的一个类，具有明确和唯一的定义，程序结构非常清晰。其中主信号流由数控加工程序读入模块（read_nc_prog）开始，经过所有功能模块处理，最终由外部设备通信模块（device_com）输出，控制外部设备和机床运动。

表 6.1、表 6.2 和表 6.3 分别给出了图 6.2 中数控系统功能模块、参数和数据电缆的用途和功能说明，使用 Java 语言的类定义。本章给出了数控系统功能模块的 Java 类定义，第 7 章给出了所有参数和数据电缆的 Java 类定义。

表 6.1　功能模块的功能说明

功能模块名称	功　能	功能模块名称	功　能
hmi	显示和操作	hand	手动进给
sys_manager	系统运行管理	ihand_switch	插补器/手动切换
read_nc_prog	数控程序读入	coord_trans	坐标变换
decode	译　码	axis_cmp	机床误差补偿
coord_set	坐标系设置	drive_adpt	机床传动匹配
tool_cmp	刀具补偿	plc	PLC 控制
interpolator	插　补	device_com	现场总线驱动

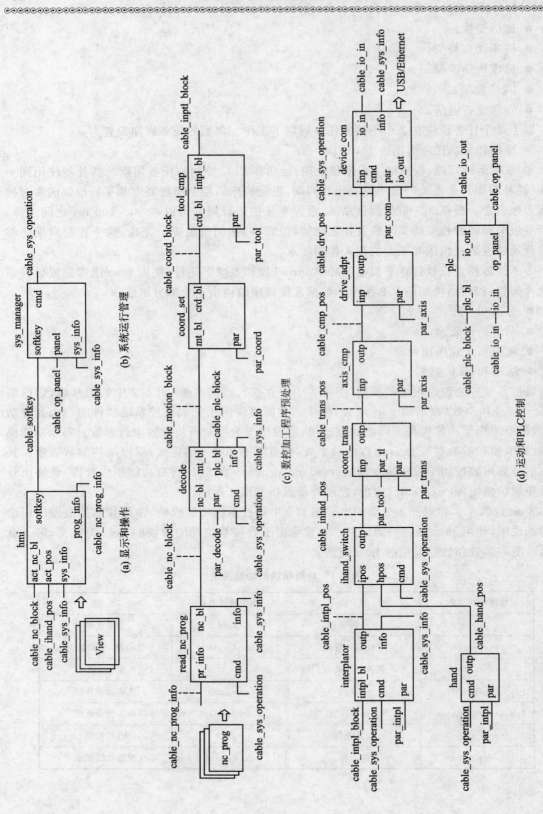

(a) 显示和操作

(b) 系统运行管理

(c) 数控加工程序预处理

(d) 运动和PLC控制

图6.2　数控系统程序结构

表 6.2　参数的类型说明

参数名称	参数类型
par_coord	工件坐标系设置
par_tool	刀具管理
par_intpl	插　补
par_trans	坐标变换
par_axis	坐标轴
par_com	总线通信

表 6.3　数据电缆的功能说明

数据电缆名称	功　能
cable_nc_prog_info	数控加工程序信息
cable_sys_operation	系统操作命令
cable_sys_info	系统信息
cable_nc_block	数控加工程序段
cable_plc_block	PLC 控制语句
cable_motion_block	运动控制指令段
cable_coord_block	坐标系设置
cable_intpl_block	插补指令数据
cable_intpl_pos	插补位置
cable_hand_pos	手动进给位置
cable_ihand_pos	插补/手动模块位置
cable_trans_pos	坐标变换坐标轴位置
cable_cmp_pos	误差补偿坐标
cable_drv_pos	伺服指令位置
cable_io_out	数字量输出端口
cable_io_in	数字量输入端口
cable_op_panel	机床操作面板

图 6.1 中的"加工程序和系统参数管理"功能由 Android 操作系统的标准文件管理和编辑程序完成,示例程序省略了这部分功能的介绍。

6.2　系统数据结构

系统数据包括:常数、数据电缆、配置参数、系统信息、系统操作命令等数据,供相关功能模块使用。系统数据提供了功能模块之间的数据交换元素,是构建模块化数控系统软件的基础数据结构。为了便于阅读,避免重复说明,第 7 章给出了本书程序示例所用系统数据结构的定义和说明。

6.2.1　常　数

系统常数为数控系统软件程序提供一致的编译参数、系统运行命令代码、系统状态代码、系统工作方式代码、系统配置代码、固定数值等，使程序更易读，便于修改。根据其用途，可以分为 5 种类型：

① 系统配置参数　该参数为程序编译和运算所需要的固定常数，例如：系统控制周期、系统最大控制轴数、最大刀具补偿数目等；

② 系统工作状态代码　该代码表示功能模块的运行状态；

③ 系统运行命令代码　该代码表示系统运行管理模块发出的系统运行命令；

④ 系统工作方式代码　该代码表示系统人机操作界面模块发出的系统工作方式命令；

⑤ 固定数值　该数值为数学运算公式提供固定的常数，可以节省程序运算时间以及提高程序的可读性。

本书示例程序使用 Java 类中的静态变量和枚举类型定义常数，本书 7.1 节给出了常数的定义和说明。

6.2.2　参　数

通过参数设置，数控系统用户可以使数控系统的功能与机床以及加工过程相匹配。参数保存在 flash 存储器中，使用 Android 操作系统的文件管理器可以输入、显示、编辑、修改和管理参数。本书的程序示例使用了 3 种类型参数：

1. 系统参数

通过系统参数设置系统运行的基本参数，供系统内部计算使用，例如：插补周期、最大运动加速度值、最大运动速度值、外部设备通信数据帧格式等。

2. 机床参数

通过机床参数使数控系统与机床功能、结构、进给传动、伺服装置、伺服电机、现场总线、外部设备和辅助设备正确匹配。例如：进给轴的传动比、5 坐标机床结构类型、丝杠螺距误差补偿值等。使用一个数控系统平台，通过机床参数可以方便地控制多种类型和规格的机床。

3. 加工参数

典型的加工参数包括刀具参数和坐标系参数。例如：刀具参数用于保存和提供数控加工过程所需要的刀具长度和半径补偿数据；坐标系参数用于提供数控加工过程所需要的工件坐标系设置数据。

本书 7.2 节部分给出了本书程序示例所用系统参数、机床参数和加工参数的定义和说明。

6.2.3　数据电缆

数据电缆是用于功能模块之间连接和完成数据交换的变量，使用 Java 类定义，具有 cable _前缀。本书 7.3 节给出了本书程序示例所用数据电缆的定义和说明。

6.3　数控加工程序预处理

数控加工程序预处理过程如图 6.2(c)所示。数控加工程序读入模块(read_nc_prog)从数控加工程序文件(nc_prog)读入程序段,通过数据电缆(cable_nc_block)发送给译码器,译码器对数控程序段译码分析,分离出运动控制指令(cable_motion_block)和辅助功能控制指令(cable_plc_block);然后,运动控制指令经过后续的编程坐标系设置模块(coord_set)、刀具补偿功能模块(tool_cmp)形成插补指令(cable_intpl_block),供后续的插补器模块和 PLC 控制模块使用。数控加工程序预处理任务的核心功能是译码功能,它将描述机床运动和辅助功能动作的数控加工程序转换成数控系统内部的控制数据。

6.3.1　数控加工程序和指令

数控系统根据数控加工程序控制机床的运动和辅助功能动作,例如主轴的启停、冷却液开关等。数控加工程序由字符和数字代码(code)组成,称为控制指令。在现代数控系统中,以文本文件形式保存在数控系统的存储器中。机床坐标轴的运动速度、位置以及辅助功能动作都由唯一对应的字符和数字代码规定,这些规定构成了数控机床加工程序的编程标准。目前使用的数控加工程序编程国际标准为 ISO 6983。现代数控机床控制系统的译码器都能够完成ISO 6983 标准格式程序译码,运行使用 ISO 6983 标准格式编写的数控加工程序。

1. ISO 6983 标准指令

ISO 6983 标准规定了字符集(Characters)、准备机能指令集(Preparatory Functions)和辅助机能指令集(Miscellaneous Function)的内容:

(1) 字符集(Characters)

ISO 6983 的指令代码以单个英文字母开头,后面跟随数字。ISO 6983 字符集对文字字符(A～Z)、数字(0～9)、运算符(＋、－、＊、/、…)、控制符(TAB、CR、…)的用途做出了规定。在存储介质上,使用 ASCII 字符格式来表示和记录。

(2) 准备机能(Preparatory Functions)

准备机能定义起源于数控系统发展初期,主要用于规定与机床坐标运动相关的控制指令,例如:插补轨迹、刀补方式、坐标系设定等。随着数控系统的功能发展,其功能也越来越丰富。准备机能指令代码由 G 字符加 2 位数字组成。

(3) 辅助机能(Miscellaneous Function)

辅助机能定义起源于数控系统发展初期,主要用于规定与机床辅助功能控制相关的控制指令,例如:主轴启停、冷却液开关、工件松夹等。辅助机能指令代码由 M 字符加 2 位数字组成。

附录 A 给出了 ISO 6983 数控加工程序编程标准指令集。

2. 厂商自定义指令

ISO 6983 没有将 G00～G99、M00～M99 范围的指令代码和字符集全部定义用完,其未使用部分可允许由数控系统厂商自行定义使用。由于国际主流数控系统厂商的产品影响,它也形成了一种习惯定义,被行业接受。附录 B 介绍本书编程示例中使用的部分自定义 G 指令代码和字符。

3. 数控加工程序示例

图6.3是一个工件轮廓铣削加工的编程示例。表6.4是工件轮廓元素的坐标数据。在图6.3中,G53是机床坐标系原点,G54是工件坐标系原点;P_0为起刀点,r为铣刀半径,$P_1 \sim P_4$为工件轮廓坐标点,实线为工件轮廓,虚线为刀心运动轨迹。

加工过程是:铣刀由起刀P_0点开始,沿图中虚线部分的刀心轨迹运动,最后返回起刀点P_0。

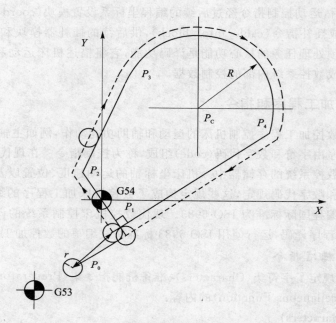

图6.3　数控加工程序示例

表6.4　刀具位置和轮廓的坐标数据

坐标点	坐标系	X/mm	Y/mm
P_0	G53	40.000	25.000
P_1	G54	20.000	−30.000
P_2	G54	−20.000	30.000
P_3	G54	27.251	133.282
P_c	G54	100.000	100.000
$R = 80.000$ mm			
P_4	G54	175.554	73.702

本示例的数控加工程序如下:

```
N10   G54 G90 G17 D01 S1000
N20   G01 G41 X20. Y-30. F800 M03
N30   X-20. Y30. F500
      X27.251 Y133.282
```

N40	G02 X175.554 Y73.702 I72.748 J - 33.282
N50	G01 X20. Y - 30.
	G53 G40 X40. Y25. F10000 M05
N60	M02

示例程序中还包括了其他控制命令,G53/G54 表示坐标系设置,G90 表示使用工件坐标系编程,G17 表示在 X-Y 平面插补,D01 表示刀具补偿值编号,F800 表示进给速度,M03/M05 表示主轴启动和停止,I/J 表示圆弧中心坐标,M02 表示程序结束。

4. 数控加工程序预处理任务流程

数控加工程序预处理任务的流程如图 6.2(c)所示,由以下 4 个功能模块组成:

① 数控加工程序读入(read_nc_prog);

② 译码器(decode);

③ 坐标系设置(coord_set);

④ 刀具补偿(tool_cmp)。

它从读入数控加工程序文件(nc_prog)开始,经过译码器分离出运动控制指令和辅助功能控制指令。将前述的数控加工程序语句 N1～N60 转换成系统内部运算变量。其中运动控制指令(例如:G…X…Y…Z…)经过后续的坐标系设置、刀具半径和长度补偿形成插补指令,供后续的插补器模块使用。辅助功能控制指令(例如:M03 和 M05)指令由后续的 PLC 控制模块执行。

6.3.2　数控加工程序读入模块

数控加工程序读入模块是数控加工程序预处理任务的组成部分。数控加工程序以文本文件形式存储在平板电脑的文件存储介质中(例如 TF 卡)。数控加工程序读入模块从数控加工程序文件中读取程序语句,然后将其发送给后续的译码器模块。处理过程如下:

1. 数控加工程序读入模块结构

图 6.4 是数控加工程序读入功能模块 read_nc_prog 的输入输出变量示意图。

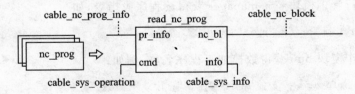

图 6.4　数控加工程序读入功能模块

模块的输入和输出变量功能如下:

(1) 输入变量

● cable_nc_prog_info /pr_info:数控加工程序信息,数据电缆类在 7.4 节(13)中定义,内部元素 cable_nc_prog_info. dir 表示保存数控加工程序的文件夹名称,cable_nc_prog_info . name 表示数控加工程序的文件名称。

● cable_sys_operation /cmd:操作命令,来自系统运行管理功能模块 sys_manager 的数据电缆,参见 7.4 节(18)中的定义;内部元素 cable_sys_operation. read_nc_prog 表示读入数控加工程序的操作命令,它是 CMD 操作命令枚举类型,参见 7.1 节(1)中的定义。

（2）输出变量

● nc_bl/cable_nc_block：当前数控加工程序段和下一个插补程序段内容，数据电缆类在 7.4 节（12）中定义。它包含两个 String 类型内部变量：cable_nc_block. actual_block 表示当前数控加工程序语句，cable_nc_block. next_intpl_block 表示下一个插补程序语句。

● info/cable_sys_info：模块的状态信息和程序信息。数据电缆类在 7.4 节（17）中定义；内部元素 cable_sys_info. read_nc_prog_error 表示读数控加工程序出错信息，cable_sys_info. actual_nc_prog 表示当前运行的程序名称。

2. 数控加工程序段读入过程

图 6.5 是数控加工程序的读入过程示意图。

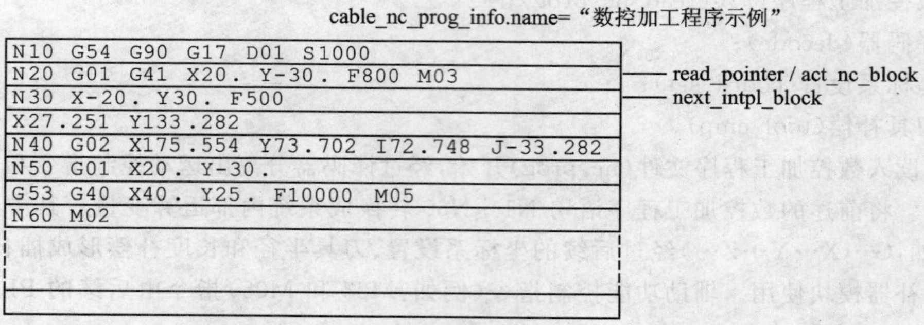

cable_nc_prog_info.name="数控加工程序示例"

```
N10 G54 G90 G17 D01 S1000
N20 G01 G41 X20. Y-30. F800 M03          ──── read_pointer / act_nc_block
N30 X-20. Y30. F500                      ──── next_intpl_block
X27.251 Y133.282
N40 G02 X175.554 Y73.702 I72.748 J-33.282
N50 G01 X20. Y-30.
G53 G40 X40. Y25. F10000 M05
N60 M02
```

图 6.5　数控加工程序读入

图中所用的变量也是数控加工程序读入模块的内部变量。数据的类型和功能如下：

● int read_pointer：当前程序段读取位置；

● String act_nc_block：当前程序段内容；

● String next_intpl_block：后续插补程序段内容。

数控加工程序读入模块示例程序中包含内部变量的定义示例。

数控加工程序读入过程如下：

① 从系统运行管理模块 sys_manager 获得读程序段指令，如

```
cable_sys_operation. read_nc_prog = CMD.DO;
```

② 从人机操作模块 hmi 获得数控加工程序名称，例如：

```
cable_nc_prog_info. name = "数控加工程序示例";
```

如果该程序名称与模块目前正在使用的名称不同，表示启动一个新的程序，需要打开一个新的数控加工程序文件。

③ 在 read_pointer 指示的位置上读取当前数控加工程序的程序段 act_nc_block；

④ 当前程序为插补控制语句时，还需要从程序中找出下一个插补程序语句 next_intpl_block，以便完成后续的刀具半径偏移计算和进给速度衔接，如图 6.6 所示。

⑤ 将读入的数控加工语句写入模块输出数据电缆，代码如下：

```
cable_nc_block. actual_block = act_nc_block;
cable_nc_block. next_intpl_block = next_intpl_block;
```

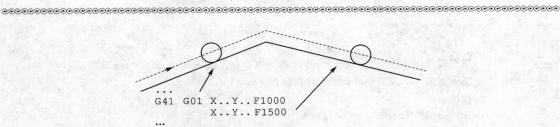

图 6.6　刀具半径偏移计算和进给速度衔接

3. 程序示例

本示例程序的目的是介绍数控加工程序读入模块的程序结构、输入变量、输出变量、内部变量。示例省略了程序实现细节,示例程序如下:

```
public class _read_nc_prog {
  _read_nc_prog(
    _cable_nc_prog_info pr_info,
    _cable_sys_operation cmd,
    _cable_nc_block nc_bl,
    _cable_sys_info info) {
      this.pr_info = pr_info;
      this.cmd = cmd;
      this.nc_bl = nc_bl;
      this.info = info;
    }

    // 输入变量
    _cable_nc_prog_info pr_info;
    _cable_sys_operation cmd;

    // 输出变量
    _cable_nc_block nc_bl;
    _cable_sys_info info;

    // 内部变量
    int read_pointer;              //当前的读程序段位置
    String act_nc_block;           //读入的当前程序段内容
    String next_intpl_block;       //读入的后续插补程序段内容

    //功能
    public  void active() {
      if (cmd. read_nc_prog = = CMD.DO){
        //执行操作命令
        if (pr_info.name! = info.actual_nc_prog){
          //指示读一个新的数控加工程序
          //根据数控加工程序文件名 pr_info. name 打开一个新的数控加工程序文件(省略程序)
          //设置读文件的位置 read_pointer
```

```
            }

        //根据读程序段的位置 read_pointer 读入当前程序段 act_nc_block（省略程序）
        //搜索和读入后续的插补运动程序程序段 next_intpl_block
        //输出
        nc_bl.actual_block = act_nc_block;
        nc_bl.next_intpl_block = next_intpl_block;
        }
    }
}
```

本示例程序使用了枚举类成员 CMD. DO，是系统运行管理模块 sys_manager 发出的读数控加工程序段指令，参见 7.1 节（1）中的定义。

6.3.3　译码器

如图 6.2 所示，译码器模块 decode 通过数据电缆 cable_nc_block 获得数控加工程序语句，它们是字符串格式的变量。译码器的任务是将它们分类并转换成规定类型的数据，供后续处理使用。

1. 译码器结构

译码器按照规定的规则，将用字符串格式表示的数控程序语句转换成准备机能、辅助机能和位置坐标数据，通过输出数据电缆连接后续的功能模块。图 6.7 是译码器模块结构图。

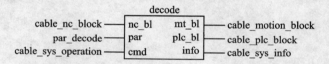

图 6.7　译码器模块功能块图

译码器模块 decode 的输入和输出变量功能如下：

（1）输入变量

● cable_nc_block /nc_bl：当前数控加工程序段，来自数控加工程序读入模块的数据电缆，参见 7.4 节（12）中定义。

● cable_sys_operation /cmd：操作命令，来自系统运行管理功能模块 sys_manager 的数据电缆，参见 7.4 节（18）中的定义；内部元素 cable_sys_operation. decode 表示译码器模块的操作命令，它是 CMD 系统操作命令枚举类型，参见 7.1 节（1）中定义。

● par_decode /par：译码参数，在 7.3.1 节（3）中定义；内部元素例如：par_decode. axis_name[0]="X"表示 0 号坐标轴的名称为"X"，对应数控加工程序中的 X 指令。

（2）输出变量

● mt_bl/cable_motion_block：运动指令输出。数据电缆类在 7.4 节（3）中定义。

● plc_bl/cable_plc_block：PLC 辅助功能指令输出，数据电缆类在 7.4 节（15）中定义。

● info/cable_sys_info：模块的状态信息和程序信息。数据电缆类在 7.4 节（17）中定义；内部元素 cable_sys_info. decode_error 表示译码器错误信息。

(3) 内部变量

● dec_word　在译码过程中,需要将数控程序语句转换成一种中间变量(单词),dec_word 是译码器模块使用的内部中间变量,使用数据类型 _var_dec_word 定义(在 7.2 节(1)中定义)。

● dec_word_next　后续插补线段的译码中间变量,使用数据类型 _var_dec_word 定义(在 7.2 节(1)中定义)。

● gdf_function　插补线段的准备机能 G、D、F 代码,使用数据类型 _var_gdf_function 定义(在 7.2 节(2)中定义)。

● gdf_function_next　后续插补线段的准备机能 G、D、F 代码,使用数据类型 _var_gdf_function 定义(在 7.2 节(2)中定义)。

● xyz_dimension　插补线段的位置坐标,使用数据类型 _var_xyz_dimension 定义(在 7.2 节(4)中定义)。

● xyz_dimension_next　后续插补线段的位置坐标,使用数据类型 _var_xyz_dimension 定义(在 7.2 节(4)中定义)。

● mnst_function　辅助机能 M、N、S、T 代码,使用数据类型 _var_ mnst_function 定义(在 7.2 节(3)中定义)。

● mnst_function_next　后续插补线段的辅助机能 M、N、S、T 代码,使用数据类型 _var_ mnst_function 定义(在 7.2 节(3)中定义)。

2. 译码数据

根据 ISO 6983 标准和本书使用的自定义字符,译码数据分为如下 3 类:

(1) 准备机能类

它包括 G、D、F 代码。数控程序语句经过译码后,与准备机能相关的指令代码数值被存储到译码器内部准备机能变量 gdf_function 元素中,准备形成后续的运动控制指令。gdf_function 使用 _var_gdf_function 数据类型定义。译码过程中也要使用 gdf_function,以便获得当前系统的准备机能状态。_var_gdf_function 的数据结构在 7.2 节(2)中介绍。译码获得的运动控制语句被写入到 cable_motion_block 对应的元素中,例如:g0123、g4012、g01789。

(2) 辅助机能类

它包括 M、N、S、T 代码。数控程序语句经过译码后,与辅助机能相关的指令代码被写入到输出数据电缆 cable_plc_block 对应的元素中,例如:m[]、t、s、n。

(3) 位置坐标类

数控程序语句经过译码后,位置指令代码 X、Y、Z、A、B、C、I、J、K 的数值被存储到译码器内部位置变量 xyz_dimension 对应的元素中,例如:x、y、z、a、b、c、i、j、k。经过后续处理后写入输出数据电缆 cable_motion_block 的元素中,例如:start_pos、end_pos、centre_pos。

3. 译码过程

在译码过程中,首先需要将数控程序语句转换成一种中间变量 dec_word(单词),dec_word 是译码器模块使用的内部变量。译码器将数控加工程序语句分解成"单词",作为中间变量保存在 dec_word 变量中。例如,程序语句"N20 G01 G41 D01 X20. Y−30. F800"经过译码处理后存储在译码单词中的内容为:

```
dec_word[1].char = 'N'
dec_word[1].value = 20
dec_word[2].char = 'G'
dec_word[2].value = 1
dec_word[3].char = 'G'
dec_word[3].value = 41
dec_word[4].char = 'D'
dec_word[4].value = 1
dec_word[5].char = 'X'
dec_word[5].value = 20
dec_word[6].char = 'Y'
dec_word[6].value = - 30
dec_word[7].char = 'F'
dec_word[7].value = 800
```

经译码器处理后存储在译码单词中的内容供后续译码使用。

译码器工作过程分为 3 个阶段：

① 第 1 阶段，首先将一个数控程序语句分解为多个"单词"（dec_word[i]）。

② 第 2 阶段，将单词逐个与控制代码比较匹配，然后将结果写入到对应的控制变量 gdf_function、mnst_function 和 xyz_dimension 元素中。

③ 第 3 阶段，输出译码结果到数据电缆 cable_motion_block 和 cable_plc_block。

以 6.3.1 节的数控加工程序为例，图 6.8 和图 6.9 表示数控语句译码和译码数据的刷新过程。

当后续数控程序语句为插补控制语句时，为了完成刀具半径偏移计算和速度衔接（见图 6.6），还需要使用数控程序读入模块提供的后续插补语句数据 cable_nc_block.next_intpl_block（在 7.4 节（12）中定义），实现对后续插补语句的译码。此时，需要使用内部数据变量 dec_word_next、gdf_function_next、mnst_function_next、xyz_dimension_next。它们的数据结构与 dec_word、gdf_function、mnst_function、xyz_dimension 相同。最后由 2 个程序语句共同产生译码输出 cable_motion_block。后续插补控制语句的译码过程如图 6.9 所示。

由于本程序语句的插补起点就是前一插补语句（见图 6.8）的插补终点，译码输出的 cable_motion_block.pos_start 值是前一插补语句中的 cable_motion_block.pos_end 值。

4. 译码器示例程序

本示例程序的目的是介绍译码器模块的程序结构、输入变量、输出变量、内部变量，省略了程序实现细节。示例程序如下：

```
public class _decode {
    _decode(
_cable_nc_block nc_bl,
_cable_sys_operation cmd,
_cable_motion_block mt_bl,
    _cable_plc_block plc_bl,
_cable_sys_info info) {
        this.nc_bl = nc_bl;
```

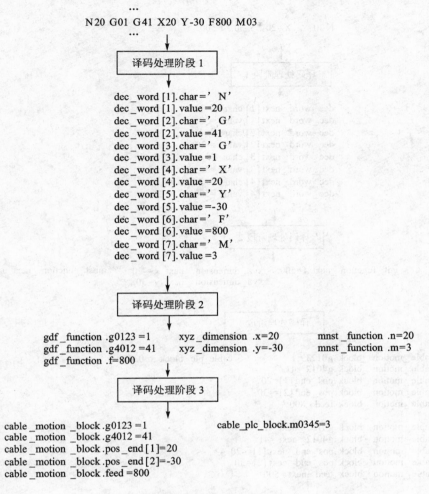

```
...
N20 G01 G41 X20 Y-30 F800 M03
...
```

译码处理阶段 1

```
dec _word [1]. char =' N'
dec _word [1]. value =20
dec _word [2]. char =' G'
dec _word [2]. value =41
dec _word [3]. char =' G'
dec _word [3]. value =1
dec _word [4]. char =' X'
dec _word [4]. value =20
dec _word [5]. char =' Y'
dec _word [5]. value =-30
dec _word [6]. char =' F'
dec _word [6]. value =800
dec _word [7]. char =' M'
dec _word [7]. value =3
```

译码处理阶段 2

```
gdf _function .g0123 =1        xyz _dimension .x=20        mnst _function .n=20
gdf _function .g4012 =41       xyz _dimension .y=-30       mnst _function .m=3
gdf _function .f=800
```

译码处理阶段 3

```
cable _motion _block .g0123 =1              cable_plc_block.m0345=3
cable _motion _block .g4012 =41
cable _motion _block .pos_end [1]=20
cable _motion _block .pos_end [2]=-30
cable _motion _block .feed =800
```

图 6.8　译码过程

```
    this. cmd = cmd;

    this. mt_bl = mt_bl;

    this. plc_bl = plc_bl;

    this. info = info;

    // 内部数组变量实例化
    for ( int i = 0; i < SYS_CFG. MAX_DEC_WORD; i + + ) {

       dec_word[ i] = new _var_dec_word();

    }
}


// 输入变量
_cable_nc_block nc_bl;

_cable_sys_operation cmd;


// 输出变量
```

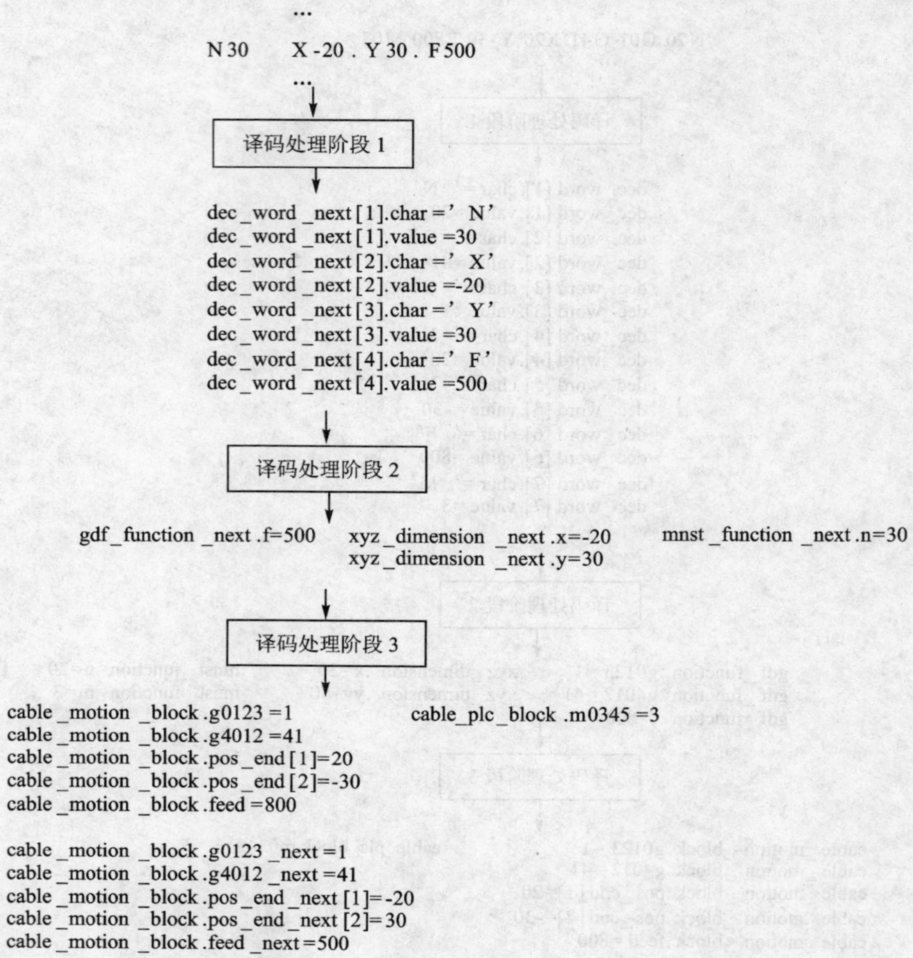

```
...
N 30      X -20 . Y 30 . F 500
...
```

译码处理阶段 1

```
dec _word _next [1].char =' N'
dec _word _next [1].value =30
dec _word _next [2].char =' X'
dec _word _next [2].value =-20
dec _word _next [3].char =' Y'
dec _word _next [3].value =30
dec _word _next [4].char =' F'
dec _word _next [4].value =500
```

译码处理阶段 2

```
gdf _function _next .f=500      xyz_dimension _next .x=-20      mnst _function _next .n=30
                                xyz_dimension _next .y=30
```

译码处理阶段 3

```
cable _motion _block .g0123 =1              cable _plc _block .m0345 =3
cable _motion _block .g4012 =41
cable _motion _block .pos _end [1]=20
cable _motion _block .pos _end [2]=-30
cable _motion _block .feed =800

cable _motion _block .g0123 _next =1
cable _motion _block .g4012 _next =41
cable _motion _block .pos _end _next [1]=-20
cable _motion _block .pos _end _next [2]=30
cable _motion _block .feed _next =500
```

图 6.9　译码过程——后续插补语句译码

```
_cable_motion_block mt_bl;
_cable_plc_block plc_bl;
_cable_sys_info info;


// 内部变量
_var_dec_word[] dec_word =
new _var_dec_word[SYS_CFG.MAX_DEC_WORD];
_var_dec_word[] dec_word_next =
new _var_dec_word[SYS_CFG.MAX_DEC_WORD];
_var_gdf_function gdf_function = new _var_gdf_function();
_var_gdf_function gdf_function_next = new _var_gdf_function();
_var_mnst_function mnst_function = new _var_mnst_function();
_var_mnst_function mnst_function_next = new _var_mnst_function();
_var_xyz_dimension xyz_dimension = new _var_xyz_dimension();
_var_xyz_dimension xyz_dimension_next = new _var_xyz_dimension();
```

```
// 功能
public  void active() {
   if (cmd.decode = = CMD.DO) {
      // 译码过程(省略)


   }
 }
}
```

本示例程序使用了枚举类成员 CMD.DO,它是系统运行管理模块 sys_manager 发出的译码指令,在 7.1 节(1)中定义;系统配置常数 SYS_CFG.MAX_DEC_WORD,在 7.1 节(5)中定义。

6.3.4　坐标系设置

坐标系设置模块的功能包括:编程工件坐标系向机床坐标系的转换、编程运动路径的比例缩放、镜像映射、坐标系旋转、极坐标向直角坐标系变换等。坐标系处理参数由机床操作者在机床操作面板设置,保存在系统坐标系参数文件和数据结构中,通过数控程序指令选择功能使能或撤销。本节内容将详细介绍坐标系参数的使用。

1. 工件坐标系偏移处理

为了方便数控加工程序的编写,数控系统通常具有工件坐标系的设置和编程功能。如图 6.10 所示,G53 为机床坐标系原点,它是机床各个坐标轴的一个固定位置。在采用增量位置检测元件的数控机床上,每次执行返回参考点操作后,各个坐标轴处于此位置。在使用绝对位置检测元件的数控机床上,此位置是固定的。每次开机时机床的当前位置就是相对此点的坐标。

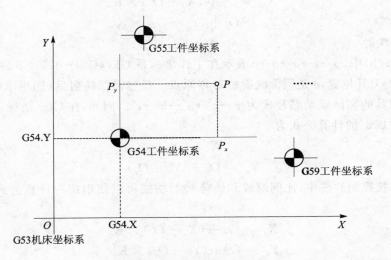

图 6.10　工件坐标系偏移

G54~G59 是可以设置的 6 个工件坐标系。以 G54 为例,坐标偏移量 G54.X 和 G54.Y 是工件坐标系 G54 相对机床坐标系 G53 的偏移量,由操作人员根据工件装夹定位和数控加工程序要求在数控系统操作界面设置,在数控系统中称为工件坐标系偏移参数,保存在工件坐标系参数 par_coord 中,该参数在 7.3.2 节(1)中定义。

机床坐标轴的运动控制是在机床坐标系下完成的,为了实现机床坐标系下的运动控制,必须将工件坐标系下的编程位置转换成机床坐标系位置。以图 6.10 为例,P 点在 G54 坐标系中的编程位置为 P_x 和 P_y,在 G53 坐标系中为

$$X = G54.X + P_x \tag{6-1}$$
$$Y = G54.Y + P_y \tag{6-2}$$

后续的控制功能模块按照机床坐标系完成控制任务。通过编程指令 G54~G59 可以调用当前使用的坐标系,例如在图 6.3 的"数控加工程序示例"部分中,通过 G54 设置当前工件坐标系,开始工件轮廓的加工程序为

```
N10 G54 G90 G17 D01 S1000
```

轮廓加工完成后,通过 G53 恢复到机床坐标系控制,刀具返回到机床坐标系下的起刀点,即

```
G53 G40 X40. Y25. F10000 M05
```

2. 比例缩放、镜像映射和工件旋转

比例缩放、镜像映射和工件旋转功能如图 6.11 所示。

(1) 比例缩放

在图 6.11(a)中,$p{\to}o{\to}a{\to}b{\to}o$ 表示在工件坐标系 G5x(G54~G59)下的刀具编程运动路径,P 是当前刀具位置,O 是比例缩放的坐标原点。经过比例缩放后(图中示例为放大),刀具的实际运动路径成为 $p{\to}o{\to}a'{\to}s'{\to}o$。例如,在 G5$x$ 坐标系下,编程坐标点比例缩放成的计算公式为

$$X_{a'} = O_x + (X_a - O_x) \times K_x \tag{6-3}$$
$$Y_{a'} = O_y + (Y_a - O_y) \times K_y \tag{6-4}$$

(2) 镜像映射

在图 6.11(b)中,$p{\to}c{\to}a{\to}b{\to}c$ 表示在工件坐标系 G5x(G54~G59)下的刀具编程运动路径,p 是当前刀具位置,o 是镜像映射的对称原点。经过镜像映射后(图中示例为相对 X 轴镜像映射),刀具的实际运动路径成为 $p{\to}c'{\to}a'{\to}b'{\to}c'$。例如,在 G5$x$ 坐标系下,编程坐标点 a 镜像映射成 a' 的计算公式为

$$X_{a'} = X_a \tag{6-5}$$
$$Y_{a'} = O_y - (Y_a - O_y) \tag{6-6}$$

在数控系统控制软件中,比例缩放和镜像映射功能可以使用统一计算公式完成,以 a' 点计算为例,则

$$X_{a'} = O_x + (X_a - O_x) \times K_x \tag{6-7}$$
$$Y_{a'} = O_y + (Y_a - O_y) \times K_y \tag{6-8}$$

通过选择 K_x 和 K_y 大小和正负符号可以同时完成比例缩放和镜像映射的功能。

(3) 工件旋转

在图 6.11(c)中,$p{\to}c{\to}a{\to}b{\to}c$ 表示在工件坐标系 G5x(G54~G59)下刀具的编程运动路径,p 是当前刀具位置,o 是工件旋转的计算原点。经过工件旋转后(图中示例为绕 Z 轴旋

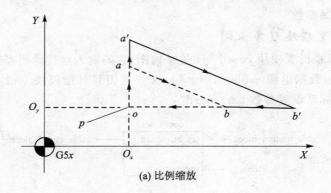

(a) 比例缩放

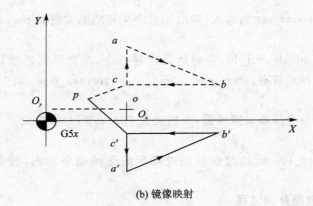

(b) 镜像映射

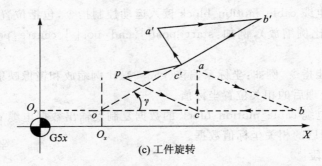

(c) 工件旋转

图 6.11　比例缩放、镜像映射和工件旋转功能

转 γ 角），刀具的实际运动路径成为 $p \to c' \to a' \to b' \to c'$。例如，在 G5$x$ 坐标系下，编程坐标点 a 经过工件旋转成为 a' 的公式为

$$X_{a'} = O_x + (X_a - O_x) \times \cos\gamma - (Y_a - O_y) \times \sin\gamma \qquad (6-9)$$

$$Y_{a'} = O_y + (X_a - O_x) \times \sin\gamma + (Y_a - O_y) \times \cos\gamma \qquad (6-10)$$

在数控系统中，比例缩放、镜像映射和工件旋转相关控制参数 O_x、O_y、K_x、K_y、γ 等保存在坐标系处理参数 par_coord 中。通过编程指令 G51 使能比例缩放、镜像映射的变换功能，通过 G50 取消比例缩放、镜像映射的变换功能；通过编程指令 G68 使能工件旋转变换功能，通过 G69 取消工件旋转变换功能。

此外有些数控系统也可以使用数控编程指令在数控加工程序中设置比例缩放、镜像映射和工件旋转相关控制参数。

3. 坐标系设置模块程序示例

图 6.12 是坐标系设置模块 coord_set 的结构图，它的输入连接译码器输出数据电缆 cable_motion_block，输出数据电缆 cable_coord_block 连接刀具补偿模块 tool_comp，如图 6.2(c) 所示。模块使用坐标系设置参数 par_coord。

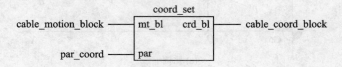

图 6.12　坐标系设置功能模块

坐标系设置模块 coord_set 的输入、输出变量定义和功能实现如下：

(1) 输入变量

● cable_motion_block /mt_bl：当前运动控制指令，来自译码器模块的数据电缆，参见 7.4 节(3)中定义。内部元素有：start_pos[]、end_pos[]、centre_pos[]、g0123、g01789、g53_9、g501、g689 等。

● par_coord /par：坐标系设置参数，参数类在 7.3.2 节(1)中定义。

(2) 输出变量

crd_bl/cable_coord_block：经过坐标系处理后的运动指令输出，数据电缆在 7.4(4)中定义。

(3) 坐标系设置数据处理过程

● 从输入数据电缆 cable_motion_block 读入运动控制指令，包括位置坐标值和准备机能（偏移、旋转、镜像和比例缩放），例如：start_pos[]、end_pos[]、centre_pos[]、g53_9、g501、g689 等。

● 根据准备机能指令，例如：坐标系偏移(g53_9)、比例缩放和镜像映射(g501)、工件旋转(g689)计算坐标系处理后的相关位置坐标值。

● 将输入数据电缆 cable_motion_block 的数据复制到输出数据电缆 cable_coord_block，然后刷新坐标系处理后的相关坐标值数据。

(4) 示例程序片段

以下是坐标系设置模块的示例程序片段：

```
public class _coord_set {
  _coord_set(_cable_motion_block mt_bl, _par_coord par, _cable_coord_block crd_bl) {
    this.mt_bl = mt_bl;
    this.par = par;
    this.crd_bl = crd_bl;
  }
  // 输入变量
  _cable_motion_block mt_bl;

  // 参数
  _par_coord par;
```

```
    // 输出变量
    _cable_coord_block crd_bl;

    // 内部变量
    int active_g5x;
    int   i;

public   void active() {
    // 将输入数据电缆数据复制到输出数据电缆
    // 程序略

    // 比例缩放和镜像映射计算
    if (mt_bl.g501 = = 51){
        // 比例缩放和镜像映射计算
        // 程序略
    }

    // 工件旋转计算
    if (mt_bl.g689 = = 68){
        // 工件旋转计算
        // 程序略
    }

    // 坐标系偏移计算
    active_g5x = mt_bl.g53_9 - 53; // 获得坐标偏移参数索引 0~6 (G53~G59)
    for (i = 0; i<SYS_CFG.MAX_AXIS; i + +){
        crd_bl.mtbl.start_pos[i] + = par.shift[i][active_g5x];
        crd_bl.mtbl.end_pos[i] + = par.shift[i][active_g5x];
        crd_bl.mtbl.centre_pos[i] + = par.shift[i][active_g5x];
        // 略

    }
  }
}
```

比例缩放和镜像映射计算使用计算公式(6-7)和(6-8)完成。工件旋转计算使用计算公式(6-9)和(6-10)完成。示例程序中使用了内部变量 active_g5x，用于计算坐标系偏移的参数索引，如表 6.5 所列。SYS_CFG.MAX_AXIS 是系统常数全局变量，表示系统控制的最大轴数(在 7.1 节(5)中定义)。

表 6.5　变量索引坐标系

active_g5x	坐标系	active_g5x	坐标系
0	G53	4	G57
1	G54	5	G58
2	G55	6	G59
3	G56		

6.3.5　刀具补偿

刀具半径和长度补偿功能是数控系统的一项重要和必备的功能。使用刀具补偿功能,可以减少机床、刀具和数控加工程序的调整时间,以提高机床使用效率。如图 6.13 所示,先进数控系统具有平面轮廓刀具(铣刀)半径补偿功能图(见图 6.13(a));刀具长度补偿功能图(见图 6.13(b));车刀半径和位置补偿功能图(见图 6.13(c))。

本书以刀具半径(铣刀)和刀具长度补偿功能为例介绍数控系统的刀具补偿功能模块。

1.　刀具半径补偿

如图 6.13(a)所示,铣削加工工件轮廓时,编程路径为 $p_1 \to p_2 \to p_3 \cdots$。数控机床运行时,由数控系统完成刀具半径补偿功能。根据实际设定的刀具半径补偿值和补偿方向进行选择,自动将运动路径修正成 $p_1' \to p_2' \to p_3' \cdots$。

刀具半径补偿主要涉及直线和圆弧的交点和切点几何计算问题,对此本书不做详细的介绍。以下重点介绍刀具半径补偿所涉及的数控编程指令和数据流。刀具半径补偿所涉及的数控编程指令和系统参数如下:

- G17/18/19:加工平面选择 $XY/ZX/YZ$;
- G41:刀具运动路径在编程路径左侧;
- G42:刀具运动路径在编程路径右侧;
- G40:取消刀具半径补偿;
- D:刀具半径补偿号,对应的刀具半径补偿量保存在刀具参数 par_tool. radius [D]中。

7.3.2 节(2)介绍刀具补偿参数 par_tool 的数据结构。

2.　刀具长度补偿

如图 6.13(b)所示,编写数控加工程序时,使用一个编程参考刀具长度 H_{ref} 控制刀具端部的 Z 轴位置。机床加工时,根据实际使用的刀具长度 H_i,在数控系统中设置刀具长度补偿量 H_{ofs}。数控系统运行时,自动完成补偿计算,使刀具端部达到编程位置。刀具长度补偿所涉及的数控编程指令和系统参数的作用如下:

- G43:刀具长度补偿有效;
- G49:取消刀具长度补偿;
- H:为刀具长度补偿号,对应的刀具长度补偿量保存在刀具参数 _par_tool. length [H]中。

3.　刀具补偿模块程序示例

图 6.14 是刀具补偿功能模块图。它的输入连接编程坐标系设置模块的输出数据电缆 cable_coord_block,输出数据电缆 cable_intpl_block 连接后续的插补器模块 interpolator,如图 6.2(c)所示。刀具补偿模块使用刀具补偿参数 par_tool。

刀具补偿模块 tool_cmp 的输入、输出变量定义和功能实现如下:

(1) 输入变量

- cable_coord_block /crd_bl:经过坐标系设置的运动控制指令,来自坐标系设置模块的数据电缆,参见 7.4 节(4)中的定义。内部元素有:start_pos[]、end_pos[]、centre_pos[]、G4012、G439 等。

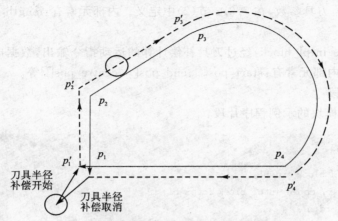

(a) 平面轮廓刀具(铣刀)半径补偿

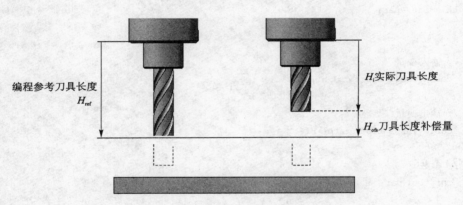

(b) 刀具长度补偿

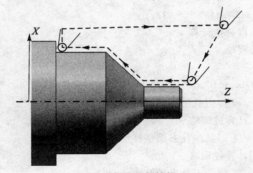

(c) 刀具半径和位置补偿

图 6.13　刀具补偿功能

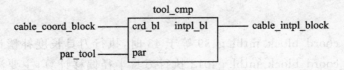

图 6.14　刀具补偿模块

● par_tool /par：刀具参数，在 7.3.2 节（2）中定义。内部元素有：length[]、radius[]等。

（2）输出变量

● intpl_bl/cable_intpl_block：经过刀具补偿计算的运动指令输出，数据电缆类在 7.4 节（8）中定义。内部元素有：start_pos[]、end_pos[]、centre_pos[]等。

（3）示例程序片段

以下是刀具补偿模块的示例程序片段：

```
public class _tool_cmp {
  _tool_cmp(
      _cable_coord_block crd_bl,
      _par_tool par,_cable_intpl_block intpl_bl) {
    this.crd_bl = crd_bl;
    this.intpl_bl = intpl_bl;
    this.par = par;
  }

    // 输入变量
    _cable_coord_block crd_bl;

    // 输出变量
    _cable_intpl_block intpl_bl;

    // 参数
    _par_tool par;

    public  void active() {
      if (crd_bl.mtbl.g439 = = 43){
        // 刀具长度补偿计算
        // 计算过程略
        }
      switch (crd_bl.mtbl.g4012){
        case 41：    //刀具半径左偏移补偿计算
            // 计算过程略
        case 42：  // 刀具半径右偏移补偿计算
            // 计算过程略
        case 40：  // 取消刀具半径补偿
            // 计算过程略
        }
    }
}
```

当输入 cable_coord_block.mtbl.g439 等于 43 时，执行刀具长度补偿计算。根据刀具半径补偿方向 cable_coord_block.mtbl.g4012 执行刀具半径偏移计算，主要涉及几何元素的相交、相切计算，示例程序略去了详细的计算过程。

6.4　运动控制

数控加工程序由两类控制指令组成,运动控制和辅助功能控制。运动控制指令用于产生机床的运动轨迹;辅助功能控制指令用于控制机床的辅助功能,例如:冷却液开关、刀具松夹等。运动控制的功能是将经过数控加工程序预处理的运动控制指令转化成机床坐标轴的实时位置指令,经过伺服电机产生机床的运动。如图 6.2(d)所示,运动控制部分由插补器(interpolator)、坐标变换(coord_trans)、误差补偿(axis_cmp)、机床匹配(drive_adpt)模块组成。本节按顺序介绍它们的功能、实现方法和示例程序。

6.4.1　插补器

插补器由直线插补器、圆弧插补器、升降速控制器 3 个子模块组成。直线插补器用于产生坐标轴的直线运动位置指令,圆弧插补器用于产生坐标轴的圆弧运动位置指令,升降速控制器用于控制坐标轴在启动和停止阶段的升降速控制,使机床运动平稳,并且避免伺服电机的过载。

1. 直线插补器

(1) 3 坐标直线插补器

直线插补器根据直线起点位置、终点位置和编程进给速度在每个插补周期计算位置增量,控制机床进给轴运动。在图 6.15 中,$P_{start}(X_{start}, Y_{start}, Z_{start})$ 为插补起点坐标,$P_{end}(X_{end}, Y_{end}, Z_{end})$ 为插补终点坐标,V_{prog} 为编程进给速度。有多种直线插补实现方法,作为示例,本文介绍一种直接计算方法,适用于具有硬件浮点计算功能的控制计算机。可以将插补计算分成 3 个部分:插补准备、插补计算、终点判别和处理。

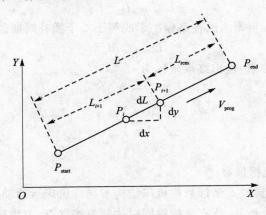

图 6.15　直线插补原理

① 插补准备:插补准备计算为插补器运行准备必要的固定参数,包括各个进给轴的运动距离,即

$$\left.\begin{array}{l} \Delta X = X_{end} - X_{start} \\ \Delta Y = Y_{end} - Y_{start} \\ \Delta Z = Z_{end} - Z_{start} \end{array}\right\} \qquad (6-11)$$

插补线段长度为

$$L = \sqrt{\Delta X^2 + \Delta Y^2 + \Delta Z^2} \qquad (6-12)$$

② 插补计算:在每个插补周期,计算插补器的位置输出,包括每个插补周期下的进给增量,即

$$dL = V_{prog} \times T_{intpl} \qquad (6-13)$$

式中,T_{intpl} 为插补周期。

考虑到升降速和进给倍率功能,应该使用经过升降速处理(slop)和进给倍率处理后的实际进给速度 V_{slop} 来计算进给增量 dL,即

$$dL = V_{slop} \times T_{intpl} \qquad (6-14)$$

$$V_{slop} = slop(V_{prog} \times K_{ov}) \qquad (6-15)$$

式中 K_{ov} 为进给倍率。本节的"3.升降速控制器"部分将介绍升降速处理 slop 的功能和实现方法。

然后由进给增量 dL 计算出新的插补坐标位置:

$$L_{i+1} = L_i + dL \qquad (6-16)$$

$$\left.\begin{aligned} X_{i+1} &= X_{start} + \frac{L_{i+1} \times \Delta X}{L} \\ Y_{i+1} &= Y_{start} + \frac{L_{i+1} \times \Delta Y}{L} \\ Z_{i+1} &= Z_{start} + \frac{L_{i+1} \times \Delta Z}{L} \end{aligned}\right\} \qquad (6-17)$$

在插补计算同时,还要计算剩余插补路程 L_{rem},为升降速处理模块 slop 提供剩余插补路程信息,用来计算降速点,即

$$L_{rem} = L - L_i \qquad (6-18)$$

③ 终点判别和处理:当剩余插补路程小于或等于 1 个插补周期的插补(进给)增量时应为

$$L_{rem} \leqslant dL \qquad (6-19)$$

表示已经达到插补终点,输出终点坐标为

$$\left.\begin{aligned} X_{i+1} &= X_{end} \\ Y_{i+1} &= Y_{end} \\ Z_{i+1} &= Z_{end} \end{aligned}\right\} \qquad (6-20)$$

结束插补。

(2) 机床运动轴 5 坐标插补

图 6.16 表示了 3 种典型 5 坐标数控机床结构布局。机床运动轴 5 坐标插补时,直线插补器完成各个坐标轴的等分插补,所有坐标轴同时到达直线终点,刀尖运动轨迹由各坐标轴的运动合成,如图 6.17 所示。

采用机床坐标轴等分插补不能保证刀尖沿直线运动,以及运动过程中刀具的位置和姿态。为了实现刀具中心沿直线的运动和姿态的控制,使用此类机床时,通常由数控编程系统的后置处理程序根据加工精度要求和确定的刀具长度将长直线运动分解成密集的小程序段 $\overline{P_{start\_j}P_{end\_j}}$。用小线段 X、Y、Z 和 A、B、C 转角离散定义直线和姿态。数控系统的插补器完成 5 坐标小线段插补,实现运动控制(见图 6.18)。数控编程系统提供的数控加工程序只适用于

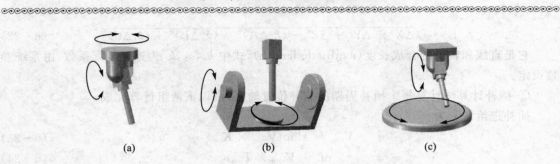

(a)　　　　　　　　　　(b)　　　　　　　　　　(c)

图 6.16　3 种典型 5 坐标数控机床结构布局

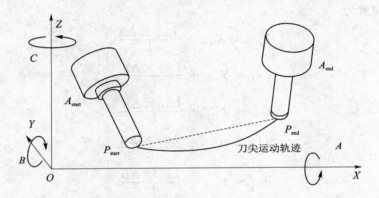

图 6.17　5 坐标机床进给轴等分插补运动

一种固定的刀具长度,不允许再在机床加工现场进行改变,不便于使用。

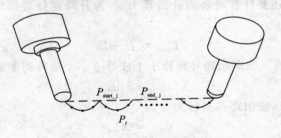

图 6.18　5 坐标小直线段插补运动

　　为了适应多种结构数控机床控制,多坐标插补器通常按 6 坐标设计:X、Y、Z、A、B、C,实际使用中根据机床结构选用 A、B、C 转角中的任意 2 个。它的插补计算也分为如下 3 部分。

　　① 插补准备　插补准备计算为插补器运行准备必要的固定参数,包括各个进给轴的运动距离:

$$
\left.
\begin{aligned}
\Delta X &= X_{\text{end}} - X_{\text{start}} \\
\Delta Y &= Y_{\text{end}} - Y_{\text{start}} \\
\Delta Z &= Z_{\text{end}} - Z_{\text{start}} \\
\Delta A &= A_{\text{end}} - A_{\text{start}} \\
\Delta B &= B_{\text{end}} - B_{\text{start}} \\
\Delta C &= C_{\text{end}} - C_{\text{start}}
\end{aligned}
\right\}
\tag{6-21}
$$

插补线段长度为

$$L = \sqrt{\Delta X^2 + \Delta Y^2 + \Delta Z^2 + (k_a \Delta A)^2 + (k_b \Delta B)^2 + (k_c \Delta C)^2} \tag{6-22}$$

它是直线和转角的合成长度(synthetic length),式中 k_a, k_b, k_c 为速度匹配系数,由系统参数设定。

② 插补计算　计算每个插补周期的插补位置输出,由以下两组计算完成:

插补进给增量为

$$V_{\mathrm{slop}} = \mathrm{slop}(V_{\mathrm{prog}} \times K_{\mathrm{ov}}) \tag{6-23}$$

$$\mathrm{d}L = V_{\mathrm{slop}} \times T_{\mathrm{intpl}} \tag{6-24}$$

$$L_{i+1} = L_i + \mathrm{d}L \tag{6-25}$$

插补坐标位置为

$$\left.\begin{aligned}
X_{i+1} &= X_{\mathrm{start}} + \frac{L_{i+1} \times \Delta X}{L} \\[4pt]
Y_{i+1} &= Y_{\mathrm{start}} + \frac{L_{i+1} \times \Delta Y}{L} \\[4pt]
Z_{i+1} &= Z_{\mathrm{start}} + \frac{L_{i+1} \times \Delta Z}{L} \\[4pt]
A_{i+1} &= A_{\mathrm{start}} + \frac{L_{i+1} \times \Delta A}{L} \\[4pt]
B_{i+1} &= B_{\mathrm{start}} + \frac{L_{i+1} \times \Delta B}{L} \\[4pt]
C_{i+1} &= C_{\mathrm{start}} + \frac{L_{i+1} \times \Delta C}{L}
\end{aligned}\right\} \tag{6-26}$$

在插补计算同时,还要计算剩余插补路程 L_{rem},为升降速处理模块 slop 提供剩余插补路程信息,即

$$L_{\mathrm{rem}} = L - L_i \tag{6-27}$$

③ 终点判别和处理　当剩余插补路程小于或等于 1 个插补周期的插补(进给)增量时

$$L_{\mathrm{rem}} \leqslant \mathrm{d}L \tag{6-28}$$

表示已经达到插补终点,输出终点坐标为

$$\left.\begin{aligned}
X_{i+1} &= X_{\mathrm{end}} \\
Y_{i+1} &= Y_{\mathrm{end}} \\
Z_{i+1} &= Z_{\mathrm{end}} \\
A_{i+1} &= A_{\mathrm{end}} \\
B_{i+1} &= B_{\mathrm{end}} \\
C_{i+1} &= C_{\mathrm{end}}
\end{aligned}\right\} \tag{6-29}$$

结束插补。

(3) 控制刀具姿态的 5 坐标插补

高性能数控机床具有刀位和刀具姿态控制功能,在直线的起点和终点处给出了刀位和姿态,用欧拉角表示。图 6.19 为欧拉角的定义。欧拉角可以描述刚体在三维空间的姿态。对于任何一个参考系,一个刚体的姿态是依照顺序从该参考系做三个欧拉角的旋转而设定的。欧拉角对夹角的顺序和标记并没有规定,一般采用 $Z-X-Z$ 顺序的欧拉角定义,如图 6.19 所示。

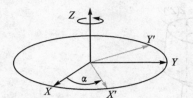

从工件坐标系$X-Y-Z$到坐标系$1X'-Y'-Z'$

(a) 绕Z轴旋转α

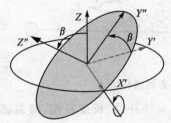

从坐标系$1X'-Y'-Z$到坐标系$2X''-Y''-Z''$

(b) 绕X'轴旋转β

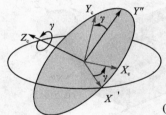

从坐标系2到特征坐标系$X_c-Y_c-Z_c$

(c) 绕Z''轴旋转γ

图 6.19　欧拉角的定义

● α 是绕 Z 轴旋转,是 X 轴与 X' 轴的夹角;
● β 是绕 X' 轴旋转,是 Z' 轴与 Z'' 轴的夹角;
● γ 是绕 Z'' 轴旋转,是 X'' 轴与 X_c 轴的夹角。

图 6.20 是用欧拉角定义的铣刀姿态示例,Z''为铣刀轴线。

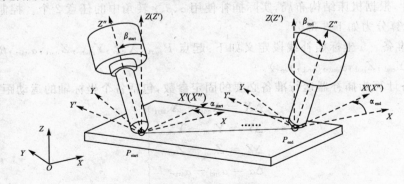

图 6.20　刀具位置和姿态

图 6.21 是用欧拉角控制的 5 坐标刀位和姿态的插补示例,插补器完成刀具中心沿直线的运动和刀具姿态的运动计算,每个插补周期下输出刀尖位置和姿态坐标值 $P_i(X_i,Y_i,Z_i,\alpha_i,\beta_i)$。允许在数控系统设置和修改刀具长度。

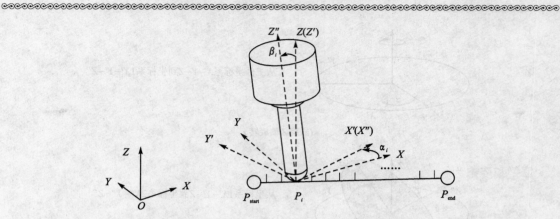

图 6.21　5 坐标刀位和姿态的插补运动

此外，采用刀具姿态控制，还可以实现空间刀具半径补偿、长度补偿、倾斜面、倾斜面轮廓和孔加工，如图 6.22 所示。

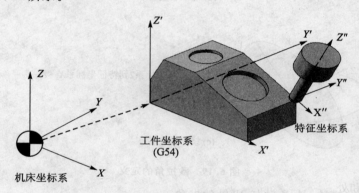

图 6.22　倾斜面加工

插补器计算出刀具相对工件的位置和姿态 X、Y、Z、α、β、γ，需要经过后续的坐标变换功能模块将刀具相对工件的位置和姿态转换成机床部件的运动 X_{ax}、Y_{ax}、Z_{ax}、A、B、C。插补器按 6 坐标运动设计，根据机床结构布局，实际插补使用 α、β、γ 转角中的任意 2 个。控制刀具姿态的 5 坐标插补计算分为如下 3 部分。

① 插补准备　5 坐标插补线段定义如下：起点 $P_{\text{start}}(X_{\text{start}}, Y_{\text{start}}, Z_{\text{start}}, \alpha_{\text{start}}, \beta_{\text{start}}, \gamma_{\text{start}})$，终点 $P_{\text{end}}(X_{\text{end}}, Y_{\text{end}}, Z_{\text{end}}, \alpha_{\text{end}}, \beta_{\text{end}}, \gamma_{\text{end}})$。

插补准备计算为插补器运行准备必要的固定参数，包括各个坐标轴的运动距离，即

$$\left. \begin{aligned} \Delta X &= X_{\text{end}} - X_{\text{start}} \\ \Delta Y &= Y_{\text{end}} - Y_{\text{start}} \\ \Delta Z &= Z_{\text{end}} - Z_{\text{start}} \\ \Delta \alpha &= \alpha_{\text{end}} - \alpha_{\text{start}} \\ \Delta \beta &= \beta_{\text{end}} - \beta_{\text{start}} \\ \Delta \gamma &= \gamma_{\text{end}} - \gamma_{\text{start}} \end{aligned} \right\} \tag{6-30}$$

插补线段长度为

$$L = \sqrt{\Delta X^2 + \Delta Y^2 + \Delta Z^2 + (k_a \Delta \alpha)^2 + (k_b \Delta \beta)^2 + (k_c \Delta \gamma)^2} \tag{6-31}$$

它是直线和转角的合成长度(synthetic length)，式中 k_a、k_b、k_c 为速度匹配系数，由系统参数设定。

② 插补计算　计算每个插补周期下的插补位置输出，由以下两组计算完成：

插补进给增量：

$$V_{\text{slop}} = \text{slop}(V_{\text{prog}} \times K_{\text{ov}}) \tag{6-32}$$

$$\text{d}L = V_{\text{slop}} \times T_{\text{intpl}} \tag{6-33}$$

$$L_{i+1} = L_i + \text{d}L \tag{6-34}$$

位置和姿态为

$$\left. \begin{aligned} X_{i+1} &= X_{\text{start}} + \frac{L_{i+1} \times \Delta X}{L} \\ Y_{i+1} &= Y_{\text{start}} + \frac{L_{i+1} \times \Delta Y}{L} \\ Z_{i+1} &= Z_{\text{start}} + \frac{L_{i+1} \times \Delta Z}{L} \\ \alpha_{i+1} &= \alpha_{\text{start}} + \frac{L_{i+1} \times \Delta \alpha}{L} \\ \beta_{i+1} &= \beta_{\text{start}} + \frac{L_{i+1} \times \Delta \beta}{L} \\ \gamma_{i+1} &= \gamma_{\text{start}} + \frac{L_{i+1} \times \Delta \gamma}{L} \end{aligned} \right\} \tag{6-35}$$

在插补计算的同时，还要计算剩余插补路程 L_{rem}，为升降速控制模块 slop 提供剩余插补路程信息，即

$$L_{\text{rem}} = L - L_i \tag{6-36}$$

③ 终点判别和处理　当剩余插补路程小于或等于 1 个插补周期的插补(进给)增量时

$$L_{\text{rem}} \leqslant \text{d}L \tag{6-37}$$

表示已经达到插补终点，输出终点坐标为

$$\left. \begin{aligned} X_{i+1} &= X_{\text{end}} \\ Y_{i+1} &= Y_{\text{end}} \\ Z_{i+1} &= Z_{\text{end}} \\ \alpha_{i+1} &= \alpha_{\text{end}} \\ \beta_{i+1} &= \beta_{\text{end}} \\ \gamma_{i+1} &= \gamma_{\text{end}} \end{aligned} \right\} \tag{6-38}$$

结束插补。

2. 圆弧插补器

(1) 工作原理

圆弧插补器根据圆弧的起点位置、终点位置、圆心位置和编程进给速度在每个插补周期下计算位置增量，控制机床运动。有多种圆弧插补实现方法，作为示例，本文介绍一种直接计算方法，适用于具有硬件浮点计算功能的控制计算机。

插补器可以插补 $X-Y$、$Y-Z$、$Z-X$ 平面上的圆弧段。图 6.23 为 $X-Y$ 平面上的一个圆弧段。插补圆弧段由起点坐标 $P_{\text{start}}(X_{\text{start}}, Y_{\text{start}})$、终点坐标 $P_{\text{end}}(X_{\text{end}}, Y_{\text{end}})$ 和圆心坐标 P_{c}

(X_c,Y_c) 定义。可以将圆弧插补计算分成 3 个部分：插补准备、插补计算、终点判别。

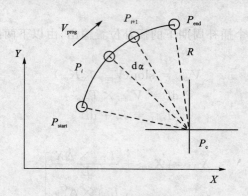

图 6.23　圆弧插补

(2) 插补准备

插补准备计算为插补器运行准备必要的固定参数，包括计算圆弧半径、起点处角度、终点处角度、插补角的初始化。

计算圆弧半径

$$R = \sqrt{(X_{end} - X_c)^2 + (Y_{end} - Y_c)^2} \qquad (6-39)$$

计算起点处角度

$$\alpha_{start} = \arcsin\left(\frac{Y_{start} - Y_c}{R}\right) \qquad (6-40)$$

计算终点处角度

$$\alpha_{end} = \arcsin\left(\frac{Y_{end} - Y_c}{R}\right) \qquad (6-41)$$

插补角的初始化

$$\alpha_i = \alpha_{start} \qquad (6-42)$$

(3) 插补计算

每个插补周期计算圆弧插补运动的角度增量为

$$d\alpha = \frac{V_{prog}}{R} \times T_{intpl} \qquad (6-43)$$

为了完成升降速控制功能需要使用经过升降速处理和进给倍率处理后的进给速度计算，即

$$d\alpha = \frac{V_{slop}}{R} \times T_{intpl} \qquad (6-44)$$

$$V_{slop} = slop(V_{prog} \times K_{ov}) \qquad (6-45)$$

式中，K_{ov} 为进给倍率。

计算新的插补输出角度和位置为

$$\alpha_{i+1} = \alpha_i + d\alpha \qquad (6-46)$$

$$X_{i+1} = X_c + R \times \cos(\alpha_{i+1}) \qquad (6-47)$$

$$Y_{i+1} = Y_c + R \times \sin(\alpha_{i+1}) \qquad (6-48)$$

计算剩余路程（角度），为升降速处理模块 slop 提供剩余路程信息，即

$$\alpha_{\text{ren}} = \alpha_{\text{end}} - \alpha_i \tag{6-49}$$

$$L_{\text{rem}} = R \times \alpha_{\text{rem}} \tag{6-50}$$

(4) 终点判别

当剩余路程（角度）α_{rem} 小于或等于 $d\alpha$ 时，输出终点坐标为

$$X_{i+1} = X_{\text{end}} \tag{6-51}$$

$$Y_{i+1} = Y_{\text{end}} \tag{6-52}$$

插补结束。

3. 升降速控制器

为了使机床运动平稳并避免伺服装置和电机过载，在机床启动、停止和运动速度变化时需要控制运动的升降速，使运动速度平滑过渡。升降速控制模块的任务是根据设定的运动加速度参数和数控加工程序，为插补器提供插补速度值。图 6.24 所示为几种典型的升降速控制情况。

(1) 单程序段启停

图 6.24(a)是单程序段启停的升降速情况。在 T_s 时刻启动插补运算，经过加速段 T_s'，在 处达到数控加工程序给定的进给速度 V_{prog}。在 T_e' 处开始减速，在 T_e 处达到程序终点。

(2) 程序段衔接

图 6.24(b)是一个 3 段程序衔接的升降速情况。在前段程序插补速度为 V_{prog}'，在程序终点前 T_e' 处，开始加速。在本段程序起点处 T_s 达到本段程序进给速度 V_{prog}。在本段程序终点前 T_e'' 处，开始加速，在本段程序终点 T_e 处达到下一段程序的插补度 V_{prog}''。

(3) 其 他

图 6.24(c)是机床操作面板进给倍率操作时的升降速情况。图 6.24(d)是暂停（CMD. FEEDHOLD）和继续（CMD. CONTINUE）操作时的升降速情况。

4. 插补器程序示例

图 6.25 是插补器模块 interpolator 的结构图，它的输入连接刀具补偿模块 tool_comp 的输出数据电缆 cable_intpl_block，输出数据电缆 cable_intpl_pos 连接插补/手动切换模块 ihand_switch，如图 6.2(d)所示。模块使用插补参数 par_intpl。

插补器模块 interpolator 的输入、输出变量定义和功能实现如下：

(1) 输入变量

● cable_intpl_block /intpl_bl：经过坐标系设置和刀具补偿的运动控制指令，和刀具补偿模块的数据电缆，参见 7.4 节(8)中的定义。内部元素有：start_pos[]、end_pos[]、centre_pos[]、G0123、G1789、feed_prog、feed_next_block 等。

● cable_sys_operation /cmd：操作命令。来自系统运行管理功能模块 sys_manager 的数据电缆，参见 7.4 节(18)中的定义。内部元素 cable_sys_operation. intpl 表示插补的操作命令，它是 CMD 系统操作命令枚举类型，参见在 7.1 节(1)中定义。

● par_intpl/par：插补参数，在 7.3.1 节(4)中定义。

(2) 输出变量

● outp/cable_intpl_pos：插补位置指令输出。数据电缆类在 7.4 节(9)中定义。

● info/cable_sys_info：模块的状态信息和程序信息。数据电缆类在 7.4 节(17)中定义，

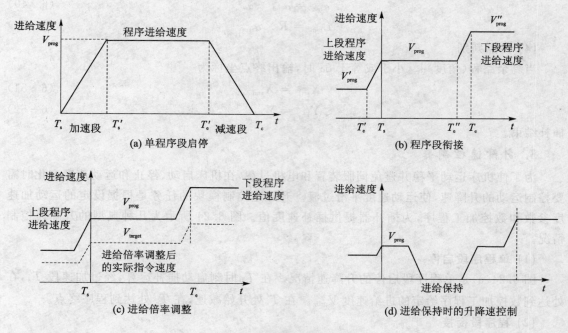

图 6.24   升降速控制工作原理

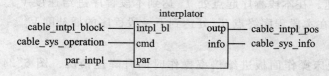

图 6.25   插补器模块

例如:cable_sys_info. intpl_info 表示插补器的工作状态,cable_sys_info. intpl_error 表示插补错误信息。

(3) 内部变量

● ST working_state:插补器的工作状态,ST 是工作状态枚举类型,在 7.1 节(4)中定义,例如 WORKING、FEEDHOLD、FINISH 等。

● float v_now:升降速计算输出的当前进给速度。

(4) 示例程序片段

以下是插补器模块的示例程序片段:

```
public class _interpolator {
    _interpolator(_cable_intpl_block intpl_bl,
    _cable_sys_operation cmd,
    _par_intpl par,
    _cable_intpl_pos outp,
    _cable_sys_info info) {
        this. intpl_bl = intpl_bl;
        this. par = par;
```

```
      this.cmd = cmd;
      this.outp = outp;
      this.info = info;
      this.create_sub_func();
   }

   // 输入变量
   _cable_intpl_block intpl_bl;
   _cable_sys_operation cmd;
   _par_intpl par;

   // 输出变量
   _cable_intpl_pos outp;
   _cable_sys_info info;

   // 内部变量
   ST working_state;
   float v_now;

   // 子模块
   _line_interpolator l_intpl;
   _circle_interpolator c_intpl;
   _slop slop;

   // 创建子模块
   private void create_sub_func(){
      // 创建直线插补器
      l_intpl = new _line_interpolator();
      l_intpl.working_state = ST.NULL;

      // 创建圆弧插补器
      c_intpl = new _circle_interpolator();
      c_intpl.working_state = ST.NULL;

      // 创建升降速器
      slop = new _slop();
      slop.control = CMD.NULL;
   } // 创建子功能

   // 功能
   public void active() {
      // 初始化升降速控制模块
      switch(cmd.intpl){
         case NEW_START:
```

```
    // 从静止状态启动
    v_now = 0;
    cmd.intpl = CMD.NEW_BLOCK;
    break;

  case NEW_BLOCK:
    // 启动新程序段,连续运动,设定
    slop.v_prog = intpl_bl.feed_prog * CONST.DIV60;
    slop.v_end = intpl_bl.feed_next_block * CONST.DIV60;
    slop.path_accelaration = par.path_accelaration;
    slop.vsl_now = v_now;
    slop.override = cmd.override;
    slop.control = CMD.INIT;
    slop.active();
    cmd.intpl = CMD.DO;
    break;
} // 初始化升降速

// 直线插补器
if (cmd.intpl == CMD.DO && intpl_bl.g0123 == 1){
  if (l_intpl.working_state == ST.FINISH ||
    l_intpl.working_state == ST.NULL){
    // 初始化直线插补器
    for (int i = 0; i<SYS_CFG.MAX_AXIS; i++){
      // 插补直线段的起点和终点坐标
      l_intpl.p_start[i] = intpl_bl.start_pos[i];
      l_intpl.p_end[i] = intpl_bl.end_pos[i];
    }
    l_intpl.working_state = ST.PREPARE;
    l_intpl.active();
  }

  else if (l_intpl.working_state == ST.WORKING){
    // 调用直线插补器
    slop.remaind_way = l_intpl.remaind_way;
    slop.active();
    v_now = slop.vsl_now;
    l_intpl.v_slop = v_now;
    l_intpl.active();

    // 插补位置输出
    for (int i = 0; i<SYS_CFG.MAX_AXIS; i++){
      outp.ax.pos[i] = l_intpl.pi[i];
    }
```

```
        }
        // 插补器工作状态输出
        info. intpl_info = l_intpl. working_state;
        info. slop_info = slop. working_state;
    }   // 直线插补器



    // 圆弧插补器
    if (cmd. intpl = = CMD. DO && (intpl_bl. g0123 = = 2 ||
        intpl_bl. g0123 = = 3 )){
        if (c_intpl. working_state = = ST. FINISH ||
          c_intpl. working_state = = ST. NULL){
          // 初始化圆弧插补器
          for (int i = 0; i<SYS_CFG. MAX_AXIS; i + +){
            // 插补圆弧段的起点、终点、圆心坐标
            c_intpl. p_start[i] = intpl_bl. start_pos[i];
            c_intpl. p_end[i] = intpl_bl. end_pos[i];
            c_intpl. p_centre[i] = intpl_bl. centre_pos[i];
          }
          c_intpl. working_state = ST. PREPARE;
          c_intpl. active();
        }

        else if (c_intpl. working_state = = ST. WORKING){
          // 调用圆弧插补器
          slop. remaind_way = c_intpl. remaind_way;
          slop. active();
          v_now = slop. vsl_now;
          c_intpl. v_slop = v_now;
          c_intpl. active();

          // 插补位置输出
          for (int i = 0; i<SYS_CFG. MAX_AXIS; i + +){
            outp. ax. pos[i] = c_intpl. pi[i];
          }
        }
        // 插补器工作状态输出
        info. intpl_info = c_intpl. working_state;
        info. slop_info = slop. working_state;
    } // 圆弧插补器

} // active()


}
```

示例程序的典型语句功能如下：

● 子模块定义

_line_interpolator　l_intpl：直线插补器模块；

_circle_interpolator　c_intpl：圆弧插补器模块；

_slop　slop：升降速模块。

● 创建子模块

在创建数控系统阶段调用此功能，创建插补器的 3 个子模块，并设置模块的初始状态。程序是：

```
private void create_sub_func(){
    // 创建直线插补器
    l_intpl = new _line_interpolator();
    l_intpl.working_state = ST.NULL;
    // 创建圆弧插补器
    c_intpl = new _circle_interpolator();
    c_intpl.working_state = ST.NULL;
    // 创建升降速控制器
    slop = new _slop();
    slop.control = CMD.NULL;
}
```

● 执行插补器功能

```
public  void active(){}
```

● 启动数控加工程序段

从静止状态启动，设置当前速度 v_now，将系统操作命令 cmd.intpl 变更为启动数控加工程序段：

```
case NEW_START:
    v_now = 0;
    cmd.intpl = CMD.NEW_BLOCK;
```

● 初始化升降速控制模块

给升降速控制器设定本程序段编程进给速度 slop.v_prog、程序段终点进给速度 slop.v_end、进给加速度（来自插补参数）slop.path_accelaration、当前进给速度 slop.vsl_now、进给倍率值 slop.override、控制命令 slop.control。然后，执行初始化 slop.active()，向插补器发出工作指令 cmd.itpl：

```
case NEW_BLOCK:
    slop.v_prog = intpl_bl.feed_prog * CONST.DIV60;
    slop.v_end = intpl_bl.feed_next_block * CONST.DIV60;
    slop.path_accelaration = par.path_accelaration;
    slop.vsl_now = v_now;
    slop.override = cmd.override;
    slop.control = CMD.INIT;
    slop.active();
    cmd.intpl = CMD.DO;
```

● 直线插补器

进入直线插补器的条件是获得插补器启动命令（CMD. DO）和插补类型为 G01：

```
if (cmd. intpl = = CMD. DO && intpl_bl. g0123 = = 1)
```

● 直线插补准备

进入直线插补准备的条件是插补器目前工作状态为前段插补结束或处于空闲状态：

```
if(l_intpl. working_state = = ST. FINISH||l_intpl. working_state = = ST. NULL)
```

如果条件满足，将输入数据电缆的直线起点和终点坐标写入直线插补子模块，设置直线插补器工作状态为插补准备（ST. PREPARE），调用直线插补子模块，完成插补准备：

```
for (i = 0;i<SYS_CFG. MAX_AXIS;i + +){
  l_intpl. p_start[i] = intpl_bl. start_pos[i];
  l_intpl. p_end[i] = intpl_bl. end_pos[i];
}
l_intpl. working_state = ST. PREPARE;
l_intpl. active();
```

SYS_CFG. MAX_AXIS 是系统的控制轴数，在 7.1 节（5）中定义。

● 直线插补器计算

进入直线插补计算的条件是插补器目前工作状态为 ST. WORKING：

```
else if (l_intpl. working_state = = ST. WORKING)
```

如果条件满足，调用升降速模块（slop），计算当前进给速度 v_now，并提供给插补器 l_intpl. v_slop，调用 slop. active()前需要提供剩余插补路程 slop. remain_way；调用插补器 l_intpl. active()：

```
slop. remaind_way = l_intpl. remaind_way;
slop. active();
v_now = slop. vsl_now;
l_intpl. v_slop = v_now;
l_intpl. active();
```

● 直线插补位置输出

输出插补器计算的插补位置：

```
for (i = 0;i<SYS_CFG. MAX_AXIS;i + +){
  outp. ax. pos[i] = l_intpl. pi[i];
}
```

● 圆弧插补器

进入圆弧插补器的条件是获得插补器启动命令（CMD. DO）和插补类型为 G02 或 G03：

```
if(cmd. intpl = = CMD. DO&&(intpl_bl. g0123 = = 2||intpl_bl. g0123 = = 3))
```

● 圆弧插补准备

进入圆弧插补准备的条件是插补器目前工作状态为前段插补结束或处于空闲状态：

```
if(c_intpl.working_state = = ST.FINISH  ||c_intpl.working_state = = ST.NULL)
```

如果条件满足，将输入数据电缆的圆弧起点、终点和圆弧中心坐标写入圆弧插补子模块，设置圆弧插补器工作状态为插补准备（ST.PREPARE），调用圆弧插补子模块，完成插补准备：

```
for (i = 0;i<SYS_CFG.MAX_AXIS;i + +){
    c_intpl.p_start[i] = intpl_bl.start_pos[i];
    c_intpl.p_end[i] = intpl_bl.end_pos[i];
    c_intpl.p_centre[i] = intpl_bl.centre_pos[i];
    }
c_intpl.working_state = ST.PREPARE;
c_intpl.active();
}
```

SYS_CFG.MAX_AXIS 是系统的控制轴数，在 7.1 节（5）中定义。

● 圆弧插补器计算

进入圆弧插补计算的条件是插补器目前工作状态为 ST.WORKING：

```
else if (c_intpl.working_state = = ST.WORKING)
```

如果条件满足，调用升降速模块（slop），计算当前进给速度 v_now，并提供给插补器 c_intpl.v_slop，调用 slop.active()前需要提供剩余插补路程 slop.remain_way；调用插补器 c_intpl.active()：

```
slop.remaind_way = c_intpl.remaind_way;
slop.active();
v_now = slop.vsl_now;
c_intpl.v_slop = v_now;
c_intpl.active();
```

● 圆弧插补位置输出

输出插补器计算的插补位置：

```
for (i = 0;i<SYS_CFG.MAX_AXIS;i + +){
    outp.ax.pos[i] = c_intpl.pi[i];
}
```

5. 升降速控制器程序示例

升降速控制器模块是插补器模块的子模块，示例程序如下：

```
public class _slop {
    CMD control;
    ST working_state;
    float v_prog;
    float v_end;
    float override;
    float vsl_now;
    float vsl_target;
```

```java
    float vsl_incr;
    double brake_way;
    double remaind_way;
    float path_accelaration;

public  void active(){
  switch (control){
    case INIT:
        // 升降速准备计算
        vsl_incr = path_accelaration * SYS_CFG.SYS_PERIOD;
        control = CMD.WORKING;
        break;
    case WORKING:
        working_state = ST.WORKING;
        // 计算减速路程
        brake_way = (vsl_now - v_end) * (vsl_now - v_end) * override * override/(2 * path_accela-
ration);

        // 计算目标速度
        if (remaind_way < brake_way){
          // 目标速度为终点速度
          vsl_target = v_end * override;
        }
        else {
          // 目标速度为编程速度
          vsl_target = v_prog * override;
        }

        // 加减速计算
        if (vsl_now < vsl_target){
          // 加速
          vsl_now = vsl_now + vsl_incr;
        }
        else if (vsl_now > vsl_target){
          // 减速
          vsl_now = vsl_now - vsl_incr;
        }
        break;

      case FEEDHOLD:
        // 暂停前降速
        vsl_now = vsl_now - vsl_incr;
        if (vsl_now <= 0.0){
          // 暂停降速完成
          vsl_now = 0;
```

```
            working_state = ST.FEEDHOLD;
        }
    }
  }
}
```

示例程序的典型语句功能如下：

● 控制变量

用于升降速模块的工作状态控制：

control：控制命令；

working_state：工作状态。

● 输入变量

v_prog：编程进给速度；

v_end：程序终点速度；

override：进给倍率；

remaind_way：剩余路程；

path_accelaration：进给加速度（参数）。

● 输入/输出变量

vsl_now：当前进给速度。

● 内部计算变量

vsl_target：目标速度；

vsl_incr：速度增量；

brake_way：减速路程。

● 执行升降速控制计算

```
public   void active()
```

● 初始化升降速控制

如果插补器发出初始化升降速模块命令 INIT，计算速度增量 vsl_incr，然后转入升降速运行状态 control＝CMD. WORKING：

```
case INIT:
    vsl_incr = path_accelaration * SYS_CFG.SYS_PERIOD;
    control = CMD.WORKING;
```

● 进入升降速计算

如果 control＝＝WORKING，进入升降速计算程序：

```
case WORKING:
    working_state = ST.WORKING;
```

● 计算减速路程

```
brake_way = (vsl_now - v_end) * (vsl_now - v_end) * override * override/(2 * path_accelaration);
```

● 计算目标速度

如果剩余插补路程 remaind_way 小于减速路程 brake_way，进入减速过程，目标速度为程序段终点处的速度；否则目标速度 vsl_target 为编程速度：

```
if (remaind_way < brake_way){
    // 目标速度为终点速度
    vsl_target = v_end * override;
}
else {
    // 目标速度为编程速度
    vsl_target = v_prog * override;
}
```

● 加减速计算

如果当前速度 vsl_now 小于目标速度 vsl_target，则加速，否则减速：

```
if (vsl_now < vsl_target){
    // 加速
    vsl_now = vsl_now + vsl_incr;
}
else if (vsl_now > vsl_target){
    // 减速
    vsl_now = vsl_now - vsl_incr;
}
```

● 进给保持（FEEDHOLD）

如果插补器发出进给保持命令 FEEDHOLD，开始减速计算；如果当前速度 vsl_now 到达 0，表示进给保持过程完成，输出升降速模块状态 working_state：

```
case FEEDHOLD：
    // 暂停前降速
    vsl_now = vsl_now - vsl_incr;
    if (vsl_now < = 0.0){
        // 暂停降速完成
        vsl_now = 0;
        working_state = ST.FEEDHOLD;
    }
```

6. 直线插补器程序示例

直线插补器模块是插补器模块的子模块，示例程序如下：

```
public class _line_interpolator {
    ST working_state;
float v_slop;
    double[] p_end = new double[SYS_CFG.MAX_AXIS];
    double[] p_start = new double[SYS_CFG.MAX_AXIS];
    double[] p_len = new double[SYS_CFG.MAX_AXIS];
    double[] pi = new double[SYS_CFG.MAX_AXIS];
```

```
    double L;
    double Li;
    double dL;
    int i;
    double remaind_way;

    public void active(){
        switch (working_state){
            case PREPARE:
                // 插补准备计算
                for (i = 0; i<SYS_CFG.MAX_AXIS; i + +){
                    pi[i] = p_start[i];
                    p_len[1] = p_end[1] - p_start[1];
                }
                L = 0;
                for (i = 0; i<SYS_CFG.MAX_AXIS; i + +){
                    L = L + p_len[1] * p_len[1];
                }
                L = Math.sqrt(L);
                Li = 0;
                remaind_way = L;
                working_state = ST.WORKING;
                break;
            case WORKING:
                // 插补计算
                dL = v_slop * SYS_CFG.SYS_PERIOD;
                Li = Li + dL;
                remaind_way = L - Li; // 剩余路程
                if (remaind_way< = dL){
                    // 达到插补终点,插补结束
                    for (i = 0; i<SYS_CFG.MAX_AXIS; i + +){
                        pi[i] = p_end[i];
                    }
                    working_state = ST.FINISH;
                }
                else {
                    for (i = 0; i<SYS_CFG.MAX_AXIS; i + +){
                        pi[i] = p_start[i] + p_len[i] * Li/L;
                    }
                }
        }
    }
}
```

示例程序的典型语句功能如下：

● 控制变量

用于直线插补模块的工作状态控制：

working_state：工作状态。

● 输入变量

v_slop：当前进给速度；

p_end[]：程序段起点坐标；

p_start[]：程序段终点坐标。

● 输出变量

remaind_way：剩余插补路程；

pi[]：插补点坐标。

● 内部计算变量

用于公式(6-12)～(6-16)对应的计算；

p_len：插补线段的坐标轴分量；

L：插补线段长度；

Li：插补点；

dL：插补线段增量。

● 执行直线插补计算

```
public   void active()
```

● 插补准备

如果插补器发出直线插补准备命令 working_state 为 PREPARE，插补器执行插补准备计算公式(6-11)～(6-13)，以及剩余插补路程 remaind_way；然后转入插补器工作状态 working_state 为插补运行状态 ST. WORKING：

```
case PREPARE：
    // 插补准备计算
    for (i = 0; i<SYS_CFG.MAX_AXIS; i + +){
        pi[i] = p_start[i];
        p_len[i] = p_end[i] - p_start[i];
    }
    L = 0;
    for (i = 0; i<SYS_CFG.MAX_AXIS; i + +){
        L = L + p_len[i] * p_len[i];
    }
    L = Math. sqrt(L);
    Li = 0;
    remaind_way = L;
    working_state = ST. WORKING;
```

● 插补计算

根据公式(6-14)～(6-20)计算插补增量 dL、插补位置 Li、剩余路程 remaind_way、插补点坐标 pi；如果剩余插补路程 remaindway 小于插补增量 dL，插补点坐标 pi 为直线的终点坐

标 p_end,设定插补器工作状态 working_state 为插补结束 ST. FINISH:

```
case WORKING:
   // 插补计算
   dL = v_slop * SYS_CFG. SYS_PERIOD;
   Li = Li + dL;
   remaind_way = L - Li; // 剩余路程
   if (remaind_way< = dL){
      // 达到插补终点,插补结束
      for (i = 0; i<SYS_CFG. MAX_AXIS; i + +){
         pi[i] = p_end[i];
      }
      working_state = ST. FINISH;
   }
   else {
      for (i = 0; i<SYS_CFG. MAX_AXIS; i + +){
         pi[i] = p_start[i] + p_len[i] * Li/L;
      }
   }
```

7. 圆弧插补器程序示例

圆弧插补器模块是插补器模块的子模块,示例程序如下:

```
public class _circle_interpolator {
  ST working_state;
  float v_slop;

  double[] p_end = new double[SYS_CFG.MAX_AXIS];
  double[] p_start = new double[SYS_CFG.MAX_AXIS];
  double[] p_centre = new double[SYS_CFG.MAX_AXIS];
  double[] pi = new double[SYS_CFG.MAX_AXIS];

  double R;
  double alpha_start;
  double alpha_end;
  double alpha_1;
  double d_alpha;
  double remaind_way;

  public  void active(){
     switch (working_state){
     case PREPARE:
        // 插补准备计算
        // 程序略

     case WORKING:
```

```
      // 插补计算
      // 程序略
    }
  }
}
```

示例程序的典型语句功能如下：

● 控制变量

用于插补模块的工作状态控制：

working_state：工作状态。

● 输入变量

v_slop：当前进给速度；

p_end[]：圆弧起点坐标；

p_start[]：圆弧段终点坐标；

p_centre[]：圆弧中心坐标。

● 输出变量

remaind_way：剩余插补路程；

pi[]：插补点坐标。

● 内部计算变量

用公式(6-40)～(6-45)对应计算以下参数：R、alpha_start、alpha_end、alpha_1、d_alpha。

● 执行圆弧插补计算

```
public  void active()
```

● 插补准备

如果插补器发出圆弧插补准备命令 working_state 为 PREPARE，插补器执行插补准备计算，程序略：

```
case PREPARE:
    // 插补准备计算
    // 程序略
```

● 插补计算

如果插补器进入圆弧插补计算状态 working_state 为 WORKING，插补器执行插补计算，程序略：

```
case WORKING:
    // 插补计算
    // 程序略
```

6.4.2 手动进给

手动进给能够实现手动操作各坐标轴进给运动，用于机床的调整和维护，是数控机床和控制系统的一项重要功能。图 6.26 是手动进给模块结构图。它与控制系统其他模块的连接如

图 6.2(d)所示。手动进给模块 hand 接收来自系统操作模块 sys_manager 的控制操作指令 cable_sys_operation 和插补参数 par_intpl，输出数据电缆 cable_hand_pos 连接手动/插补输出选择模块 ihand_switch。

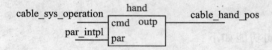

图 6.26　手动进给模块

手动进给模块 hand 的输入、输出变量定义和示例程序如下：

(1) 输入变量

● cable_sys_operation /cmd：操作命令。来自系统运行管理功能模块 sys_manager 的数据电缆，参见 7.4 节(18)中的定义，内部元素如下：

hand：手动进给方向。CMD. JOG_PLUS(正方向)、JOG_MINUS(负方向)、JOG_STOP(点动停)，它们是系统操作命令枚举类 CMD 的成员，参见 7.1 节(1)中的定义。

override：进给速度选择（使用进给倍率 override 开关）。

jog_axis：进给轴选择。

● par_intpl /par：手动模块参数，使用插补参数，在 7.3.1 节(4)中定义。内部元素例如：path_accelaration(运动加速度)、max_jog_speed(最大手动进给速度)。

(2) 输出变量

● outp/cable_hand_pos：手动模块位置指令输出。数据电缆类在 7.4 节(6)中定义。内部元素例如：ax. pos[]表示手动进给轴位置坐标。

(3) 示例程序

手动进给模块的示例程序如下：

```
public class _hand {
    public _hand (_cable_sys_operation cmd, _par_intpl par, _cable_hand_pos outp) {
        this.cmd = cmd;
        this.outp = outp;
        this.par = par;
    }

    // 输入变量
    _cable_sys_operation cmd;

    // 输出变量
    _cable_hand_pos outp;

    // 参数
    _par_intpl par;

    // 功能
    public  void active() {
```

```
      if (cmd.mode = = OP_MODE.JOG){
        switch (cmd.hand){
          case JOG_PLUS: // 正方向运动,程序略
            break;
          case JOG_MINUS: // 负方向运动,程序略
            break;
          case JOG_STOP: // 停止运动,程序略
            break;
        }
      }
    }
  }
```

示例程序的典型语句功能如下:

● 执行手动进给

```
public   void active()
```

● 操作条件

当前操作方式 cmd.mode 为点动方式 OP_MODE.JOG 执行点动进给:

```
if (cmd.mode = = OP_MODE.JOG)
```

● 点动进给

根据操作命令 cmd.hand 产生坐标轴运动,将新的坐标轴位置写到模块输出 outp.ax.pos [cmd.jog_axis],此处省略了程序细节:

```
switch (cmd.hand){
  case JOG_PLUS: // 正方向运动,程序略
    break;
  case JOG_MINUS: // 负方向运动,程序略
    break;
  case JOG_STOP: // 停止运动,程序略
    break;
}
```

6.4.3　插补/手动切换

插补/手动切换模块 ihand_switch 根据系统操作方式命令,将插补器输出位置或手动操作坐标轴位置连接到后续坐标变换模块,如图 6.2(d)所示。图 6.27 是插补/手动切换模块结构图。它的输入连接插补器模块的输出数据电缆 cable_intpl_pos、手动控制模块的输出数据电缆 cable_hand_pos、控制操作指令 cable_sys_operation;它的输出数据电缆 cable_hand_pos 连接后续的坐标变换模块。

插补/手动切换模块 ihand_switch 的输入、输出变量定义和示例程序如下:

(1) 输入变量

● cable_intpl_pos /ipos:来自插补器模块的位置指令。数据电缆类在 7.4 节(9)中定义。

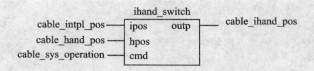

图 6.27　插补/手动切换模块

- cable_hand_pos /hpos：来自手动模块的位置指令。数据电缆类在 7.4 节(6)中定义。
- cable_sys_operation /cmd：操作命令。来自系统运行管理功能模块 sys_manager 的数据电缆，参见 7.4 节(18)中的定义。内部元素 cable_sys_operation. mode 是 OP_MODE 枚举类型(在 7.1 节(3)中定义)，它表示当前系统的工作模式 JOG/AUTOMATIC(手动/自动)。

(2) 输出变量

- outp/cable_ihand_pos：插补/手动模块位置指令输出。数据电缆类在 7.4 节(7)中定义。

(3) 示例程序

插补/手动切换模块模块示例程序如下：

```
public class _ihand_switch {
    _ihand_switch(_cable_intpl_pos ipos, _cable_hand_pos hpos, _cable_sys_operation op, _cable_
ihand_pos outp) {
        this. ipos = ipos;
        this. hpos = hpos;
        this. op = op;
        this. outp = outp;
    }

    // 输入变量
    _cable_intpl_pos ipos;
    _cable_hand_pos hpos;
    _cable_sys_operation op;

    // 输出变量
    _cable_ihand_pos outp;

    // 功能
    public   void active() {
      switch(op.mode) {
      case JOG:
        for (int i = 0;i<SYS_CFG.MAX_AXIS; i+ +)
          outp.ax.pos[i] = hpos.ax.pos[i];
        break;
      case AUTOMATIC:
        for (int i = 0;i<SYS_CFG.MAX_AXIS; i+ +)
          outp.ax.pos[i] = ipos.ax.pos[i];
        break;
```

```
        }
      }
}
```

示例程序的典型语句功能如下：

● 执行插补/手动切换

```
public   void active()
```

● 手动位置输出

如果当前操作方式 op. mode 为点动方式（JOG），输出手动位置坐标：

```
case JOG: for (i = 0;i<SYS_CFG.MAX_AXIS; i++)
  outp.ax.pos[i] = hpos.ax.pos[i];
```

● 插补位置输出

如果当前操作方式 op. mode 为插补方式（AUTOMATIC），输出插补位置坐标：

```
case AUTOMATIC: for (i = 0;i<SYS_CFG.MAX_AXIS; i++)
  outp.ax.pos[i] = ipos.ax.pos[i];
```

6.4.4　坐标变换模块

高性能 5 坐标数控机床具有刀位和刀具姿态控制功能，如图 6.20 所示；刀具的姿态用欧拉角 α、β 表示，如图 6.19 所示。

插补器输出和手动进给输出工件坐标系下刀具位置 $P_n(X_n, Y_n, Z_n)$ 和姿态 α_n、β_n 指令。坐标变换模块根据机床结构数据，计算出机床各个坐标轴相应的位置坐标 $P_{ax}(X_{ax}, Y_{ax}, Z_{ax}, A_{ax}, C_{ax})$，如图 6.28 所示。

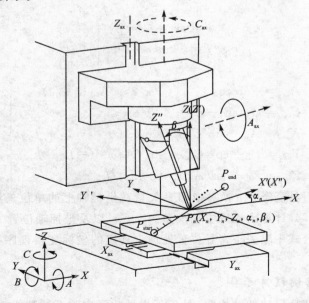

图 6.28　根据机床结构的坐标变换计算

插补器和手动操作输出的工件坐标系下插补点的刀具位置和姿态为 $P_n(X_n, Y_n, Z_n, \alpha_n$、$\beta_n)$，坐标变换模块输出机床进给轴和转动轴位置 $P_{ax}(X_{ax}, Y_{ax}, Z_{ax}, A_{ax}, C_{ax})$。

1. 坐标变换计算示例

坐标变换计算与机床结构布局和参数相关，本例介绍具有主轴双摆角的 5 坐标数控机床布局结构的坐标变换计算实例，如图 6.29 所示。在这种机床布局结构下，与坐标变换计算相关的机床参数是摆角 A 中心与主轴端面的距离 L_{sp} 和刀具长度 L_h。

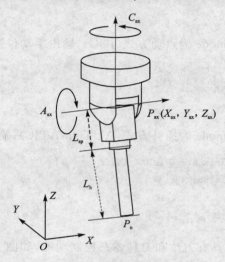

图 6.29 主轴双摆角 5 坐标数控机床

参考文献[8]介绍了坐标变换计算的基础理论和方法，本书不再详细介绍。在本例中，坐标变换计算需要使用机床结构参数 L_{sp} 和刀具长度 L_h。以下是图 6.29 机床布局的坐标变换公式：

$$\left.\begin{array}{l} i = \sin \alpha \cdot \sin \beta \\ j = -\cos \alpha \cdot \sin \beta \\ k = \cos \beta \end{array}\right\} \qquad (6-53)$$

$$\left.\begin{array}{l} A_{ax} = -\arccos k \qquad (-\pi/2 \leqslant A_{ax} \leqslant \pi/2) \\ C_{ax} = \arctan(-i/j) \qquad (-\pi \leqslant C_{ax} \leqslant \pi) \\ X_{ax} = X_n - \sin(C_{ax}) \cdot \sin(A_{ax}) \cdot (-L_h - L_{sp}) \\ Y_{ax} = Y_n + \cos(C_{ax}) \cdot \sin(A_{ax}) \cdot (-L_h - L_{sp}) \\ Z_{ax} = Z_n - \cos(A_{ax}) \cdot (-L_h - L_{sp}) \end{array}\right\} \qquad (6-54)$$

公式(6-53)将刀具姿态 α、β 换算成刀具矢量在坐标轴上的单位矢量投影，如图 6.30 所示。然后用公式(6-54)计算出机床主轴摆角 A_{ax}、C_{ax}，以及坐标轴位置 X_{ax}、Y_{ax}、Z_{ax}。为了便于阅读和理解，上述公式中略去了奇异位置处理。真实的坐标变换程序必须包括奇异位置处理计算。

2. 坐标变换模块程序示例

图 6.31 是坐标变换模块的结构图，图 6.2(d)给出了它与系统其他模块的连接。

坐标变换模块的输入变量、输出变量、示例程序如下：

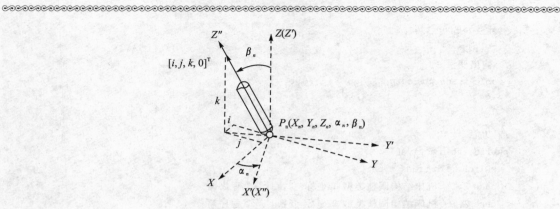

图 6.30 刀具姿态和位置

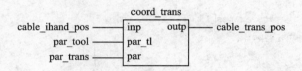

图 6.31 坐标变换模块结构

（1）输入变量

● cable_ihand_pos /inp：工件坐标系坐标位置。数据电缆类在 7.4 节（7）中定义。

● par_tool /par_tl：刀具参数，在 7.3.2 节（2）中定义，刀具长度 hz 对应如图 6.29 中的 L_h。

par_tarns /par：坐标变换参数，在 7.3.1 节（5）中定义，提供机床结构类型和参数，如图 6.29 中的机床结构类型为 trans_type＝1 和参数 L_{sp}。

（2）输出变量

● outp/cable_trans_pos：机床坐标系位置指令输出。数据电缆类在 7.4 节（19）中定义。

（3）示例程序

坐标变换模块示例程序如下：

```
public class _coord_trans {
    public _coord_trans(_cable_ihand_pos inp, _par_trans par, _par_tool par_tl, _cable_trans_pos
outp) {

        this.inp = inp;
        this.outp = outp;
        this.par = par;
        this.par_tl = par_tl;
    }

    // 输入变量
    _cable_ihand_pos inp;

    // 参数
    _par_trans par;
```

```
    _par_tool par_tl；

    // 输出变量
    _cable_trans_pos outp；


    // 功能
    public   void active() {
      switch (par.trans_type){
      case 1：// 机床结构调整类型 1 坐标 变换计算，程序略
      case 2：// 机床结构调整类型 2 坐标 变换计算，程序略
      }

      outp.ax.pos[1] = inp.ax.pos[1] + 1；
      type = par.trans_type；
    }
}
```

示例程序的典型语句功能如下：

● 执行坐标变换

```
public   void active()
```

● 判断机床结构类型

```
switch (par.trans_type)
```

● 执行机床结构类型 1 的坐标变换计算

```
case 1：// 机床结构调整类型 1 坐标 变换计算，程序略
```

6.4.5   机床误差补偿

先进数控系统具有多种机床误差补偿功能，用来补偿机床机械结构和传动部分的制造误差以及使用环境引起的误差，包括：丝杠螺距误差补偿、丝杠螺母反向间隙补偿、导轨不直度误差补偿、导轨垂直度误差补偿、环境温度引起的几何误差补偿等。本书以等间距丝杠螺距误差补偿为例，介绍构建机床误差补偿模块的方法。

1. 丝杠螺距误差补偿工作原理

图 6.32 是等间距丝杠螺距误差补偿工作原理。图 6.32(a)表示丝杠螺距误差原始值。图 6.32(c)是丝杠螺距误差补偿设定值，采用等间隔补偿，补偿间隔距离设置在机床进给轴参数 par_axis.pitch_cmp_interval[]中，螺距误差补偿值设置在机床进给参数 par_axis.pitch_cmp_value[][]中(在 7.3.1 节(1)中定义)。图 6.32(b)是设置补偿功能后测量的实际机床进给轴的传动误差。

首先需要通过测量获得螺距误差 δ 与螺母位移 L 之间的函数关系，然后通过系统配置参数设置误差补偿量 Δ。数控系统在系统配置参数中提供螺距误差补偿参数：

● par_axis.pitch_cmp_value[axis_number][n]：补偿量 Δ；

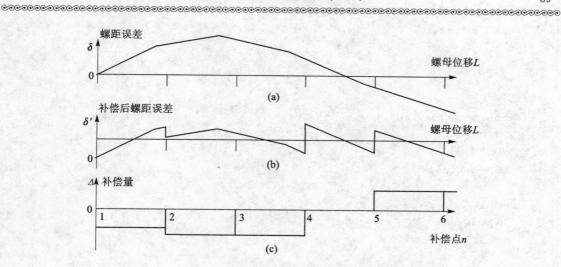

图 6.32 螺距误差补偿

- axis_number：进给轴编号；
- n：补偿点号；
- par_axis. pitch_cmp_interval[axis_number]：补偿点间隔，即采用等距间隔补偿时补偿点之间的距离。

2. 机床误差补偿模块程序示例

图 6.33 是机床误差补偿模块的结构图。误差补偿模块的输入连接坐标变换模块 coord_trans 的输出，其输出连接后续传动匹配模块 drive_adapt，如图 6.2(d)所示。

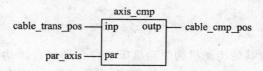

图 6.33 螺距误差补偿模块结构

机床误差补偿模块 axis_cmp 的输入、输出变量定义和示例程序如下：

(1) 输入变量

- cable_axis_pos /inp：进给轴位置指令，来自坐标变换模块的数据电缆，参见 7.4 节(1)中的定义。

- par_axis /par：进给轴参数，在 7.3.1 节(1)中定义。螺距误差补偿需要使用以下参数：pitch_cmp_interval[]表示补偿点间隔，pitch_cmp_value[][]表示补偿值。

(2) 输出变量

outp/cable_cmp_pos：误差补偿模块的输出，数据电缆在 7.4 节(2)中定义。

(3) 示例程序

机床误差补偿模块示例程序结构如下：

```
public class _axis_cmp {
  public _axis_cmp(_cable_trans_pos inp,_par_axis par,_cable_cmp_pos outp) {
    this. inp = inp;
```

```
        this.outp = outp;
        this.par = par;
    }

    // 输入变量
    _cable_trans_pos inp;

    // 输出变量
    _cable_cmp_pos outp;

    // 参数
    _par_axis par;

    // 功能
    public  void active() {
        // 程序略
    }
}
```

本示例程序目的是介绍程序结构，省略了程序的实现细节。根据图 6.32 的补偿原理可以编写机床误差补偿的实际计算程序。

6.4.6　机床传动匹配

机床传动匹配模块的任务是将机床误差补偿模块输出的进给轴位置指令转换成伺服装置的位置指令。包括如下 2 项计算。

（1）传动比匹配计算

伺服电机通过丝杠或其他传动机构驱动机床工作台和转台运动，使用位置检测元件获得工作台和转台的实际位置。通过传动比计算，可以使数控系统的位置指令值与位置检测元件以及传动机构的传动比匹配，产生正确的工作台和转台位置。

（2）整型量转换

机床传动匹配模块前的所有位置变量计算均采用双精度浮点类型变量（double）。位置检测元件的输出单位是位置分辨率，为长整型变量（long）。伺服装置的指令位置应该与位置检测元件的分辨率对应，必须使用长整型变量表示。因此需要将浮点变量表示的位置指令按照数控系统设定的分辨率要求转换成整型变量表示的位置指令。

1. 传动比匹配计算

图 6.34 是传动匹配模块 drive_adapt 与伺服电机、工作台传动以及位置检测之间的数据关系示例。其中

● P_{comp}：误差补偿模块输出的位置指令（双精度浮点型，单位为 mm）；
● P_{drv}：机床传动匹配模块的输出位置指令（长整型）；
● P_{enc}：细分后的编码器位置（长整型）；
● P_{axis}：工作台位置（mm）；
● K_{scr}：丝杠螺距（mm/转）。

伺服电机通过丝杠驱动工作台运动,安装在伺服电机上的位置编码器检测电机轴的位置,经过细分电路,获得高分辨率检测位置值 P_{enc}。伺服装置实现伺服电机(工作台)跟随指令位置 P_{drv} 的运动 P_{axis}。通过传动比计算,可以使数控系统的位置指令值与位置检测元件以及传动机构的传动比相匹配,产生正确的工作台位置。

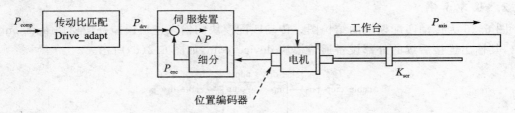

图 6.34 传动比匹配原理

图 6.35 表示数控系统位置指令 P_{comp} 经过机床传动匹配模块到工作台实际位置 P_{axis} 的转换过程。其中:

- K_{nun}:传动比分子;
- K_{den}:传动比分母;
- R_{res}:细分后的位置编码器分辨率(脉冲数/转);
- P'_{drv}:双精度浮点型变量表示的位置指令;
- K_{rd}:分辨率系数。

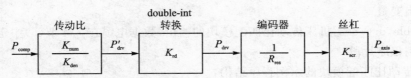

图 6.35 传动比计算转换过程

传动匹配模块输出的位置指令 P_{drv} 为长整型变量,单位是机床检测元件的分辨率。先进数控系统的最小位置指令单位通常可以根据机床控制精度要求以及控制计算机的性能通过系统配置参数选择。传动比和转换函数计算公式为

$$P'_{drv} = \frac{P_{comp} \times K_{num}}{K_{den}} \tag{6-56}$$

式中,P_{drv} 为机床传动匹配模块的输出,K_{rd} 是分辨率系数,保存在进给轴参数 par_axis.k_rd 中。

表 6.6 给出数控系统最小位置指令值与分辨率系数 K_{rd} 的对应关系。

表 6.6 数控系统最小位置指令值与分辨率系数

最小位置指令值/(mm)	K_{rd}
0.001	1 000
0.000 1	10 000
0.000 01	100 000
0.000 001	1000 000

根据图 6.35,可以获得传动比的分子和分母值,即

$$\frac{K_{\mathrm{num}}}{K_{\mathrm{den}}} = \frac{R_{\mathrm{res}}}{K_{\mathrm{rd}} \times K_{\mathrm{src}}} \qquad (6-57)$$

传动比分子 K_{num} 和分母 K_{den} 保存在进给轴参数 par_axis. k_num 和 par_axis. k_den 中。

2. 程序示例

图 6.36 为传动匹配模块的结构图。传动匹配模块的输入连接误差补偿模块 axis_cmp 的输出,其输出连接后续的外部设备通信模块 device_com,如图 6.2(d)所示。

图 6.36　机床传动匹配模块结构

机床传动匹配模块的输入变量、输出变量和示例程序如下:

(1) 输入变量

● cable_cmp_pos /inp:进给轴位置指令。来自误差补偿模块的数据电缆,参见 7.4 节 (2)中的定义。

● par_axis /par:进给轴参数,在 7.3.1 节(1)中定义。机床传动匹配需要使用以下参数: k_num(传动比分子)、k_den(传动比分母)、k_rd(浮点－整型变量转换系数)。

(2) 输出变量

outp/cable_drv_pos:机床传动比匹配模块的输出,数据电缆在 7.4 节(5)中定义。

(3) 示例程序片段

以下是传动比匹配模块的示例程序结构:

```java
public class _drive_adapt {
    public _drive_adapt(_cable_cmp_pos inp, _par_axis par, _cable_drive_pos outp) {
        this.inp = inp;
        this.outp = outp;
        this.par = par;
    }

    // 输入变量
    _cable_cmp_pos inp;

    // 输出变量
    _cable_drive_pos outp;

    // 参数
    _par_axis par;

    // 功能
    public void active() {
        // 传动比计算程序略
    }
}
```

传动比计算程序根据公式(6-56)和(6-57)编写,示例程序中省略了计算程序细节。

6.5   PLC 控 制

图 6.37 是 PLC 控制模块的结构图,如图 6.2(c)和(d)所示。数控加工程序中的辅助功能控制指令 M、N、S、T 经过译码器译码,通过数据电缆 cable_plc_block 输出到 PLC 控制模块。PLC 控制模块通过数据电缆 cable_plc_in 和 cable_plc_out 连接外部设备通信模块 device_com,通过现场总线操作机床辅助控制设备,以及从机床读入传感器信号和开关信号,例如行程开关等。

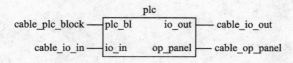

图 6.37   PLC 控制模块

PLC 控制模块的输入变量、输出变量和示例程序如下:

(1) 输入变量

● cable_plc_block /plc_bl:PLC 指令,数据电缆在 7.4 节(15)中定义。内部元素有:m[]
(M 指令)、n(N 指令)、t(T 指令)、s(S 指令)。

● cable_io_in /io_in:外部设备的输入信号(例如形成开关等信号),连接外部设备通信模块 device_com,数据电缆在 7.4 节(10)中定义。内部元素 port[]表示输入端口变量。

(2) 输出变量

● io_out/cable_io_out:控制外部设备的输出信号(例如接通继电器等信号),连接外部设备通信模块,数据电缆类在 7.4 节(11)中定义,内部元素 port[]表示输出端口变量。

● op_panel/cable_op_panel,机床操作面板开关量信号(例如启动按钮、停止按钮、进给倍率等操作信号)。来自外部设备通信模块 device_com 和数据电缆 cable_io_in,通过数据电缆 cable_op_panel 连接到系统运行管理模块(sys_manager),数据电缆 cable_op_panel 在 7.4节(14)中定义。

(3) 程序示例

以下是 PLC 控制模块的示例程序结构,其中包括控制冷却液开关(M07/M09)和操作面板信号转发的示例程序片段:

```
public class _plc {
    _plc(_cable_plc_block plc_bl, _cable_io_in io_in, _cable_io_out io_out, _cable_op_panel op_
panel) {
        this.plc_bl = plc_bl;
        this.io_in = io_in;
        this.io_out = io_out;
        this.op_panel = op_panel;
    }

    // 输入变量
```

```
   _cable_plc_block plc_bl;
   _cable_io_in io_in;

   // 输出变量
   _cable_io_out io_out;
   _cable_op_panel op_panel;

   public   void active() {
     for (int i = 0; i<SYS_CFG.MAX_M_CODE; i++)
       switch(plc_bl.m[i]){
         case 7: // 冷却液开
             io_out.port[0] = 1;
             break;
         case 9: // 冷却液关
             io_out.port[0] = 0;
             break;
       }

     // 读入操作面板信号
     op_panel.in[0] = io_in.port[1];
   }
}
```

示例程序的典型语句功能如下：

● 执行 PLC 控制

```
public   void active()
```

扫描数控加工程序段(cable_plc_block)中的 M 代码，SYS_CFG. MAX_M_CODE 是一个程序段中允许的最大 M 指令数目，这个常数在 7.1 节(5)中定义，代码如下：

```
for (i = 0; i<SYS_CFG.MAX_M_CODE; i++)
  switch(plc_bl.m[i])
```

如果发现 M07 代码，即 plc_bl. m[i]=7，则发出冷却泵启动命令：io_out. port[0] =1；冷却泵启动控制继电器连接在 PLC 输出接口端子 0.0 上，对应 PLC 与现场总线连接数据电缆 cable_io_out. port[0]的 bit0；如果发现 M09 代码，即 plc_bl. m[i]=9，则发出关闭冷却泵命令：io_out. port[0] =0，代码如下：

```
case 7: // 冷却液开
  io_out.port[0] = 1;
  break;
case 9: // 冷却液关
  io_out.port[0] = 0;
  break;
```

● 操作面板信号

操作面板按钮信号连接在 PLC 输入端子 io_in. port[1]上，将它转发到操作面板数据电缆

cable_op_panel 上,供系统运行管理模块 sys_manager 使用,代码如下:

```
op_panel.in[0] = io_in.port[1];
```

6.6 外部设备通信控制

安装在 Android 平板电脑上的数控系统通过 USB/Ethernet 转换器与 FED 主站连接,FED 现场总线设备与进给伺服、主轴、数字量 I/O、传感器以及其他外部设备连接,如图 3.1 所示。本节主要介绍描述协议报文的 Java 类以及数控系统的外部设备通信模块 device_com。如图 6.2(d)所示,外部设备通信模块具有以下主要功能:

● 根据系统配置参数,建立和维护平板电脑与 FED 主站之间的通信。

● 根据来自机床传动匹配模块的位置指令和来自 PLC 模块的数字量输出数据,生成 UDP 报文,发送到 FED 主站。

● 获取 FED 主站返回的运动轴和数字量 I/O 状态,例如主轴的实际速度、转矩,数字量输入数据等,将其转发给数控系统的 PLC 模块。

6.6.1 协议报文的代码描述

1. 通信协议的报文结构

平板电脑与 FED 主站之间通信采用 UDP 协议实现,它的报文结构如图 6.38 所示。数据帧的 IP 地址和 UDP 端口号由 par_com 参数给出(在 7.3 节(2)中定义)。数控系统的通信报文由报文首部和对应各个 FED 从站的子报文组成,它们都被嵌入在 UDP 数据字段中。报文首部的"子报文数目"、"子报文长度"以及各个子报文的"从站类型"的数值由 par_com 参数给出。

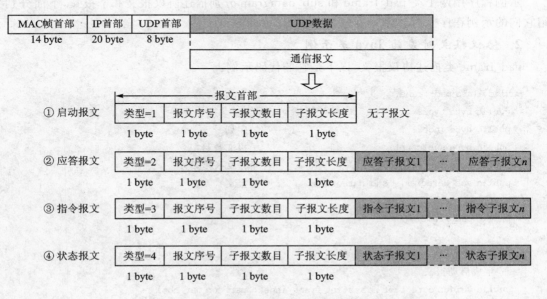

图 6.38 平板电脑使用的 UDP 数据报文结构

如图 6.38 所示，根据报文首部"类型"字段的数值不同，数控系统使用的通信报文分为以下四类：

① 启动报文(类型＝1)　启动阶段平板电脑发送给 FED 主站的报文，控制 FED 总线启动，启动报文不包含子报文。

② 应答报文(类型＝2)　启动阶段 FED 主站返回给平板电脑的报文，通知平板电脑各个 FED 从站的启动状态。图 6.39(a)是应答子报文的结构，如果"从站启动状态"的数值为 1 表示对应的 FED 从站启动成功，如果数值为 0 表示从站启动出错。

③ 指令报文(类型＝3)　周期运行阶段平板电脑发送给 FED 主站的报文，平板电脑(控制主站)通过指令数据可以向 FED 从站发送位置指令、速度指令、转矩指令、通信参数、伺服参数、数字量输出数据等。图 6.39(b)是指令子报文的结构。"从站类型"为 1 表示对应的 FED 从站是伺服电机控制从站，"从站类型"为 2 表示从站是数字量 IO 从站。

④ 状态报文(类型＝4)　周期运行阶段 FED 主站返回给平板电脑的报文，FED 从站通过状态数据向平板电脑发送伺服的实际位置、实际速度、实际转矩、通信参数、伺服参数、数字量输入数据等。图 6.38(c)是状态子报文的结构。

| (a) 应答子报文 | 从站编号 | 从站类型 | 从站启动状态 |
| | 1 byte | 1 byte | |

| (b) 指令子报文 | 从站编号 | 从站类型 | 指令数据 |
| | 1 byte | 1 byte | |

| (c) 状态子报文 | 从站编号 | 从站类型 | 状态数据 |
| | 1 byte | 1 byte | |

图 6.39　应答子报文、指令子报文和状态子报文的格式

示例程序用两个类 pad_frame 和 sub_datagram 分别描述协议报文和子报文，下面分别介绍它们的示例程序。

2. 协议报文对应的 Java 类示例

pad_frame 类描述协议报文，以下是它的代码示例：

```java
public class pad_frame{
    public byte type;                      //类型
    public byte index;                     //帧序列号
    public byte sub_count;                 //子报文数目
    public byte sub_length;                //子报文长度
    public sub_datagram[] sub_datagrams;   //子报文

    public pad_frame(){
    }

    // 生成启动报文
    public void create_boot_frame(int frame_index, _par_com par_com) {
        this.type = 1;
        this.index = (byte)frame_index;
```

```
        this. sub_count = (byte) par_com. active_slave;
        this. sub_length = (byte) par_com. sub_datagram_length;
        this. sub_datagrams = null;
    }

    // 生成指令报文
    public void create_cmd_frame(int frame_index, _par_com par_com, _cable_drive_pos cable_drv_
pos, _cable_io_out cable_io_out) {
        this. type = 3;
        this. index = (byte)frame_index;
        this. sub_count = (byte) par_com. active_slave;
        this. sub_length = (byte) par_com. sub_datagram_length;
        this. sub_datagrams = new sub_datagram[this. sub_count];
        int current_pos_index = 0;
        int current_io_index = 0;
        for(int i = 0; i < this. sub_count; i + + ){
            sub_datagram sub = new sub_datagram();
            this. sub_datagrams[i] = sub;
            int sub_type = par_com. slave_type[i];
            byte[] data = new byte[this. sub_length];
            switch (sub_type) {
                case 1:   // 伺服电机控制从站
                    double pos
                        = cable_drv_pos. ax. pos[current_pos_index];
                    change_double_to_bytes(pos, data);
                        break;

                case 2: // 数字 IO 从站
                    int io = cable_io_out. port[current_io_index];
                    change_int_to_bytes(io, data);
                    current_io_index + + ;
                    break;
                }
            sub. create_cmd_sub_datagrame(i, sub_type, this. sub_length, data);
            }
    }

    // 转化成字节流
    public byte[] frame_to_bytes(){
        // 代码省略
    }

    // 从字节流中数据报文获得,返回 false 表示分析数据过程中发生错误
    public boolean get_frame(byte[] data) {
        // 代码省略
```

```java
    }

    // 解析应答报文
    public boolean parse_respond_frame(int frame_index, _par_com par_com) {
        if(this.type ! = 2){
            return false;
        }

        if(this.index ! = frame_index){
            return false;
        }

        if(this.sub_count ! = par_com.active_slave){
            return false;
        }

        if(this.sub_length ! = par_com.sub_datagram_length){
            return false;
        }

        for(int i = 0; i < this.sub_count; i + +){
            int sub_index = i;
            int sub_type = par_com.slave_type[i];
            if(! this.sub_datagrams[i].parse_respond_sub(sub_index, sub_type)){
                return false;
            }
        }
        return true;
    }

    // 解析状态报文
    public boolean parse_status_frame(int frame_index, _par_com par_com, _cable_io_in cable_io_
in) {
        if(this.type ! = 2){
            return false;
        }

        if(this.index ! = frame_index){
            return false;
        }

        if(this.sub_count ! = par_com.active_slave){
            return false;
        }
```

```
        if(this.sub_length != par_com.sub_datagram_length){
          return false;
        }

        for(int i = 0; i < this.sub_count; i + +){
          int current_io_index = 0;
          int sub_index = i;
          int sub_type = par_com.slave_type[i];
          if(! this.sub_datagrams[i].parse_status_sub(sub_index, sub_type, cable_io_in, current_
io_index)){
            return false;
          }
          if(sub_type = = 2){
            current_io_index + + ;
          }
        }
        return true;
      }


      // 将 double 变量转化成 byte 数组的子方法
      private void change_double_to_bytes(double d, byte[] data) {
        // 程序省略
      }


      // 将 int 变量转化成 byte 数组的子方法
      private void change_int_to_bytes(int i, byte[] data) {
        // 程序省略
      }


}
```

示例程序的典型语句功能如下：

● 内部变量定义

pad_frame 类内部定义了若干变量，例如：type、index 等，它们分别与图 6.38 所示的协议报文的结构一一对应。

● 生成启动报文

create_boot_frame()方法用来生成图 6.38 中的①启动报文，参数 par_com 在 7.3.1 节(2)中定义代码如下：

```
public void create_boot_frame(int frame_index, _par_com par_com)
```

● 生成指令报文

create_cmd_frame()方法用来生成图 6.38 中的③指令报文，方法内部调用了 sub_datagram 类的 create_cmd_sub_datagrame()方法，用来生成指令子报文。如果从站是伺服电控控制从站，则将 cable_drv_pos 数据电缆(见 7.4 节(5)中的定义)中的位置值写入指令数据；如果从站是数字 IO 从站,则将 cable_io_out 数据电缆(见 7.4 节(11)中的定义)中的输出端口变量写入指令数据中,代码如下:

```
public void create_cmd_frame(int frame_index, _par_com par, _cable_drive_pos cable_drv_pos, _cable_io_out cable_io_out) {
    // 省略
    for(int i = 0; i < this.sub_count; i + + ){
        sub_datagram sub = new sub_datagram();
        this.sub_datagrams[i] = sub;
        int sub_type = par.slave_type[i];
        byte[] data = new byte[this.sub_length];
        switch (sub_type) {
            case 1:   // 伺服电机控制从站
                double pos
                    = cable_drv_pos.ax.pos[current_pos_index];
                change_double_to_bytes(pos, data);
                break;

            case 2: // 数字 IO 从站
                int io = cable_io_out.port[current_io_index];
                change_int_to_bytes(io, data);
                current_io_index + + ;
                break;
        }
        sub.create_cmd_sub_datagrame(i, sub_type, this.sub_length, data);
    }
}
```

● 转化字节流

frame_to_bytes()方法将数据报文转化成 byte 数组的字节流形式,以便使用 udp 报文进行发送。方法内部调用了 sub_datagram 类的 frame_to_bytes()方法,代码如下:

```
public byte[] frame_to_bytes()
```

● 从字节流获得报文数据

get_frame()方法从 byte 数组形式的字节流中提取报文数据,方法内部调用了 sub_datagram 类的 get_sub_data()方法。如果方法返回 false 则表示在提取数据过程中发生错误,代码如下:

```
public boolean get_frame(byte[] data)
```

● 解析应答报文

parse_respond_frame()方法解析图 6.38 中的②应答报文,方法内部调用了 sub_datagram 类的 parse_respond_sub()方法,用来解析应答子报文。如果方法返回 false 则表示从站在启动阶段出现错误,代码如下:

```
public boolean parse_respond_frame(int frame_index, _par_com par_com)
```

● 解析状态报文

parse_status_frame()方法解析图 6.38 中的④状态报文,方法内部调用了 sub_datagram 类的 parse_status_sub()方法,用来解析状态子报文。该方法将返回的数字 IO 从站的状态数据写入 cable_io_in 数据电缆(见 7.4 节(10)中的定义)的输入端口变量中,如果方法返回 false 则表示从站在通信过程中出现错误,代码如下:

```java
public boolean parse_status_frame(int frame_index, _par_com par_com, _cable_io_in cable_io_in)
```

● 数据转化的子方法

该类中定义了两个实现数据类型转化的子方法,分别实现了 double、int 数据类型转化成 byte 数组的功能,它们被 create_cmd_frame()方法调用,代码如下:

```java
private void change_double_to_bytes(double d, byte[] data)
private void change_int_to_bytes(int i, byte[] data)
```

3. 子报文对应的 Java 类示例

sub_datagram 类描述子报文,以下是它的代码示例:

```java
public class sub_datagram{
    public byte        sub_index;          //从站编号
    public byte        sub_type;           //从站类型
    public byte[]      data;               //从站数据

    public sub_datagram(){
    }

    // 生成指令子报文
    public void create_cmd_sub_datagrame(int sub_index, int sub_type, int sub_length, byte[] data)
{
        this.sub_index = (byte)sub_index;
        this.sub_type = (byte)sub_type;
        this.data = new byte[sub_length - 2];
        System.arraycopy(this.data, 0, data, 0, sub_length);
    }

    // 转化成字节流
    public byte[] sub_to_bytes() {
        // 程序省略
    }

    // 从字节流中获得数据报文,返回 false 表示截获数据过程中发生错误
    public void get_sub_data(byte[] data) {
        // 程序省略
    }

    // 解析应答子报文
```

```java
    public boolean parse_respond_sub(int sub_index,int sub_type){
      if(this.sub_index ! = sub_index){
        return false;
      }
      if(this.sub_type ! = sub_type){
        return false;
      }

      if(this.data[0] = = 1){
        for(int i = 1; i<this.data.length; i + +){
          if(this.data[i] ! = 0){
            return false;
          }
        return true;
        }
  else{
    return false;
    }
  }

    // 解析状态子报文
    public boolean parse_status_sub(int sub_index, int sub_type,_cable_io_in cable_io_in, int current_io_index) {
      if(this.sub_index ! = sub_index){
        return false;
      }

      if(this.sub_type ! = sub_type){
        return false;
      }

      if(this.sub_type = = 2){// 如果是数字 IO 从站,更新 cable_io_in 的数据电缆
        int io_value = change_bytes_to_int(this.data);
        cable_io_in.port[current_io_index] = io_value;
      }
      return true;
    }

    // 将 byte 数组转化成 int 变量的子方法
    private int change_bytes_to_int(byte[] data) {
      // 程序省略
    }
  }
```

示例程序的典型语句功能如下：

● 内部变量定义

sub_datagram 类内部定义了若干变量，包括 sub_index、sub_type 和 data，它们分别与图 6.39 所示的子报文结构——对应。

● 生成指令子报文

create_cmd_sub_datagrame() 方法用来生成图 6.39(b) 所示的指令子报文，被 pad_frame 类的 create_cmd_frame() 方法调用，代码如下：

```
public void create_cmd_sub_datagrame(int sub_index, int sub_type, int sub_length, byte[] data)
```

● 转化字节流

sub_to_bytes() 方法将子报文转化成 byte 数组的字节流形式，被 pad_frame 类的 frame_to_bytes() 方法调用，代码如下：

```
public byte[] sub_to_bytes()
```

● 从字节流获得报文数据

get_sub_data() 方法从 byte 数组形式的字节流中提取报文数据，被 pad_frame 类的 get_frame() 方法调用。如果方法返回 false 则表示在提取数据过程中发生错误，代码如下：

```
public boolean get_sub_data(byte[] data)
```

● 解析应答子报文

parse_respond_frame() 方法解析图 6.39(a) 所示的应答子报文，被 pad_frame 类的 parse_respond_frame() 方法调用。如果方法返回 false 则表示对应的从站在启动阶段出现错误，代码如下：

```
public boolean parse_respond_frame(int frame_index, _par_com par_com)
```

● 解析状态子报文

parse_status_sub() 方法解析图 6.39(c) 所示的状态子报文，被 pad_frame 类的 parse_status_frame() 方法调用。该方法将数字 IO 从站的状态数据写入 cable_io_in 数据电缆（见 7.4 节(10)中的定义）的输入端口变量中。如果方法返回 false 则表示从站在通信过程中出现错误，代码如下：

```
public boolean parse_status_sub(int sub_index, int sub_type, _cable_io_in cable_io_in, int current_io_index)
```

● 数据转化的子方法

该类中定义了一个子方法，实现了 byte 数组转化成 int 数据类型的功能，该方法被 parse_status_sub() 方法调用，代码如下：

```
private int change_bytes_to_int(byte[] data)
```

6.6.2　外部设备通信模块程序示例

图 6.40 为外部设备通信模块 device_com 的功能块图。外部设备通信模块的输入连接传

动匹配模块以及 PLC 控制模块的输出,外部设备通信模块的输出连接 PLC 控制模块的输入,如图 6.2(d)所示。外部设备通信模块还使用 Socket 实现了平板电脑和 FED 主站之间的 UDP 协议报文交换,与 Socket 相关的内容参见 5.2.2 节的介绍。

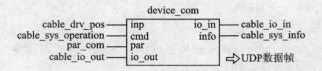

图 6.40　外部设备通信模块结构

机床传动匹配模块的输入变量、输出变量和示例程序如下:

(1) 输入变量

● cable_drv_pos/inp:伺服位置指令。来自传动匹配模块数据电缆,参见 7.4 节(5)中定义。

● cable_sys_operation/cmd:操作命令。来自系统运行管理功能模块 sys_manager 的数据电缆,参见 7.4 节(18)中定义。内部元素 cable_sys_operation.device_com 表示外部设备通信模块的操作命令,它是 CMD 系统操作命令枚举类型,参见 7.1 节(1)中的定义。

● par_com/par:外部设备通信参数,在 7.3.1 节(2)中定义。内部变量例如:

active_slave:外部设备总线连接的控制从站数目。

sub_datagram_length:子报文的长度。

slave_type:各个 FED 从站的类型。

fed_master_ip:FED 主站的 IP 地址,一般使用"198.168.＊.＊"格式的本地局域网地址。平板电脑的 IP 地址在 Android 系统设置中定义,也使用"198.168.＊.＊"的网络地址格式,这两个 IP 地址不能重复。

pad_udp_port:平板电脑的 UDP 端口号,使用 1 024～65 535 的动态端口号。

fed_master_udp_port:FED 主站的 UDP 端口号,使用 1 024～65 535 的动态端口号。

timeout:平板电脑接收 FED 主站返回数据帧的超时时间。

● cable_io_out/io_out:外部设备的数字 IO 输出量,数据电缆类在 7.4 节(11)中定义。

(2) 输出变量

● io_in/cable_io_in:外部设备的输入信号,它连接 PLC 控制模块,数据电缆类在 7.4 节(10)中定义。

● info/cable_sys_info:模块的状态信息和程序信息,数据电缆类在 7.4 节(17)中定义。

(3) 内部变量

● udp_socket:实现平板电脑与外部设备通信功能的 UDP 嵌套字。

● frame_index:数据帧序列计数器,它的数值放入图 6.38 所示的"报文序号"字段中。

(4) 示例程序片段

以下是外部设备通信模块的示例程序结构:

```
public class _device_com {
    _device_com(_cable_drive_pos inp, _cable_sys_operation cmd, _cable_io_out io_out, _par_com par, _cable_io_in io_in, _cable_sys_info info) {
        this.inp = inp;
```

```
        this. par = par;
        this. cmd = cmd;
        this. io_out = io_out;
        this. io_in = io_in;
        this. info = info;
        this. info. com_info = ST. NULL;
    }

    // 输入变量
    _cable_drive_pos inp;
    _cable_sys_operation cmd;
    _par_com par;
    _cable_io_out io_out;

    // 输出变量
    _cable_io_in io_in;
    _cable_sys_info info;

    // 内部变量
    private DatagramSocket udp_socket;      //UDP Socket
    byte frame_index;                       //帧序列计数器

    //功能
    public   void active() {
        // 系统运行管理模块向 device_com 模块发送 WORKING 命令
        if(cmd. device_com = = CMD. WORKING) {
            switch (this. info. com_info) {
                case NULL: // NULL 状态说明该模块没有初始化,通信未启动
                    this. boot_com(); // 调用启动通信子方法
                    break;

                case WORKING: // WORING 状态说明该模块已经正常运转
                    this. cycle_com(); // 调用周期性通信子方法
                    break;
            }
        }
    }

    // 关闭模块
    public void close() {
        // 关闭 Socket
        if (this. udp_socket !  = null) {
            this. udp_socket. close();
        }
    }
```

```java
    // 启动阶段通信
    private void boot_com() {
      boolean is_boot_success;
      try{
        // 实例化 udp socket
        this.udp_socket = new DatagramSocket(par.pad_udp_port);

        // 定义一个启动报文
        pad_frame boot_frame = new pad_frame();
        // 生成启动报文的内容
        boot_frame.create_boot_frame(frame_index, par);
        // 获得启动报文的字节流数据
        byte[] boot_frame_data = boot_frame.frame_to_bytes();

        // 定义 FED 主站的 IP 地址
        InetAddress fed_ipAddress
    = InetAddress.getByName(par.fed_master_ip);
        // 定义要被发送的数据包
        DatagramPacket send_packet = new DatagramPacket(
            boot_frame_data,
            boot_frame_data.length,
            fed_ipAddress,
            par.fed_master_udp_port);
        // 使用 socket 发送这个数据帧
        this.udp_socket.send(send_packet);

        // 定义接收缓存
        byte[] recv_buff = new byte[SYS_CFG.MAX_FRAME_LENGTH];
        // 定义接收的数据包
        DatagramPacket recv_packet
            = new DatagramPacket(recv_buff, recv_buff.length);
        // 设定接收数据的等待时间,时间值有 par_com 参数确定
        this.udp_socket.setSoTimeout(par.timeout);
        // 使用 socket 接收数据帧
        this.udp_socket.receive(recv_packet);

        // 得到返回的有效数据报文,存放在 recv_data 中
        int data_length = recv_packet.getLength();
        byte[] recv_data = new byte[data_length];
        System.arraycopy(recv_packet.getData(), 0, recv_data, 0, data_length);

        // 定义一个应答报文
        pad_frame respond_frame = new pad_frame();
        // 解析应答报文,判断启动阶段是否出错
        if(respond_frame.get_frame(recv_data)){
```

```
      is_boot_success
        = respond_frame.parse_respond_frame(frame_index, par);
    }
    else{
      is_boot_success = false;
    }
  }
  catch (SocketTimeoutException e) {
    is_boot_success = false;
  }
  catch (IOException e){
    is_boot_success = false;
  }

  // 帧序列计数器加一
  frame_index++;

  if(is_boot_success){
    // 如果启动阶段没有错误，模块进入 READY 工作状态
    this.info.com_info = ST.WORKING;
  }
  else {
    // 如果启动阶段有错误，模块进入 ERROR 工作状态
    this.info.com_error = 1;
    this.info.com_info = ST.ERROR;
    this.close();
  }
}


// 周期运行阶段的通信
private void cycle_com() {
  boolean is_cycle_success;
  try{
    // 定义一个指令报文
    pad_frame cmd_frame = new pad_frame();
    // 生成指令报文的内容
    cmd_frame.create_cmd_frame(frame_index, par, inp, io_out);
    // 获得指令报文的字节流数据
    byte[] cmd_frame_data = cmd_frame.frame_to_bytes();

    // 定义 FED 主站的 IP 地址
    InetAddress fed_ipAddress
        = InetAddress.getByName(par.fed_master_ip);
    // 定义要被发送的数据包
    DatagramPacket send_packet = new DatagramPacket( cmd_frame_data, cmd_frame_data.length,
```

```
fed_ipAddress, par.pad_udp_port);
        // 使用 socket 发送这个数据帧
        this.udp_socket.send(send_packet);

        // 定义接收缓存
        byte[] recv_buff = new byte[SYS_CFG.MAX_FRAME_LENGTH];
        // 定义接收的数据包
        DatagramPacket recv_packet = new DatagramPacket(recv_buff, recv_buff.length);
        // 设定接收数据的等待时间,时间值有 par_com 参数确定
        this.udp_socket.setSoTimeout(par.timeout);
        // 使用 socket 接收数据帧
        this.udp_socket.receive(recv_packet);

        // 得到返回的有效数据报文,存放在 recv_data 中
        int data_length = recv_packet.getLength();
        byte[] recv_data = new byte[data_length];
        System.arraycopy(recv_packet.getData(), 0, recv_data, 0, data_length);

        // 定义一个状态报文
        pad_frame status_frame = new pad_frame();
        // 解析状态报文,更新输入端口变量,并且判断启动阶段是否出错
        if(status_frame.get_frame(recv_data)){
            is_cycle_success
                = status_frame.parse_status_frame(
                    frame_index,
                    par,
                    io_in);
        }
        else{
            is_cycle_success = false;
        }
    }
    catch (SocketTimeoutException e) {
        is_cycle_success = false;
    }
    catch (IOException e){
        is_cycle_success = false;
    }

    // 帧序列计数器加一
    frame_index + + ;

    if(!is_cycle_success){
        // 如果有错误,模块进入 ERROR 工作状态
        this.info.com_error = 2;
```

```
        this.info.com_info = ST.ERROR;
        this.close();
      }
    }
  }
```

示例程序的典型语句功能如下：

● 实例化外部设备通信模块

在 device_com 模块的构造方法中，设定 device_com 模块的工作状态 info.com_info 是 ST.NULL，模块工作状态枚举 ST 在 7.1 节(4)中定义，代码如下：

```
_device_com(_cable_drive_pos inp, _cable_sys_operation cmd, _cable_io_out io_out, _par_com
par, _cable_io_in io_in, _cable_sys_info info) {
  // 省略
  this.info.com_info = ST.NULL;
}
```

● 执行外部设备通信功能

active()方法实现外部设备通信功能。数控系统启动后，系统运行管理模块 sys_manager 会一直给 device_com 模块发送 CMD.WORKING 命令。在 active()方法中根据当前的工作状态执行不同的通信任务：如果当前是 ST.NULL 状态，说明模块没有初始化，通信尚未启动，那么调用 boot_com()子方法，执行通信启动任务；如果当前是 ST.WORKING 状态，说明通信已经启动，那么调用 cycle_com()子方法，执行周期性通信任务，代码如下：

```
public   void active() {
  // 系统运行管理模块向 device_com 模块发送 WORKING 命令
  if(cmd.device_com == CMD.WORKING) {
    switch (this.info.com_info) {
    case NULL: // NULL 状态说明该模块没有初始化,通信未启动
      this.boot_com(); // 调用启动通信子方法
      break;

    case WORKING: // WORING 状态说明该模块已经正常运转
      this.cycle_com(); // 调用周期性通信子方法
      break;
    }
  }
}
```

● 启动通信

boot_com()子方法实现启动通信的功能。该方法的主要实现步骤如下：

① 实例化 udp_socket，将其绑定在由 par_com.pad_udp_port 定义的端口上：

this.udp_socket＝new DatagramSocket(par.pad_udp_port);

② 生成启动报文，并获得它的字节数据流，pad_frame 类的相关方法参见 6.6.1 中的定义，代码如下：

```
pad_frame boot_frame = new pad_frame();// 定义一个报文
boot_frame.create_boot_frame(frame_index, par); // 生成启动报文
byte[] boot_frame_data = boot_frame.frame_to_bytes();// 获得字节流数据
```

③ 发送启动报文，需要调用 DatagramSocket.send()方法，参见 5.2.2 节中的介绍，代码如下：

```
// 定义 FED 主站的 IP 地址
InetAddress fed_ipAddress
        = InetAddress.getByName(par.fed_master_ip);
// 定义要被发送的数据包
DatagramPacket send_packet = new DatagramPacket(
    boot_frame_data,
    boot_frame_data.length,
    fed_ipAddress,
    par.fed_master_udp_port);
// 使用 socket 发送这个数据帧
this.udp_socket.send(send_packet);
```

④ 接收应答报文，需要调用 DatagramSocket 类的 setSoTimeout()和 receive()方法，参见 5.2.2 节中的介绍，代码如下：

```
// 定义接收缓存
byte[] recv_buff = new byte[SYS_CFG.MAX_FRAME_LENGTH];
// 定义接收的数据包
DatagramPacket recv_packet = new DatagramPacket(recv_buff, recv_buff.length);
// 设定接收数据的等待时间，时间值有 par_com 参数确定
this.udp_socket.setSoTimeout(par.timeout);
// 使用 socket 接收数据帧
this.udp_socket.receive(recv_packet);
```

⑤ 获得应答报文的字节数据流，然后解析应答报文。pad_frame 类的相关方法参见 6.6.1 节中的定义，代码如下：

```
// 得到返回的有效数据报文，存放在 recv_data 中
int data_length = recv_packet.getLength();
byte[] recv_data = new byte[data_length];
System.arraycopy(recv_packet.getData(), 0, recv_data, 0, data_length);

// 定义一个应答报文
pad_frame respond_frame = new pad_frame();
// 解析应答报文，判断启动阶段是否出错
if(respond_frame.get_frame(recv_data)){
  is_boot_success
    = respond_frame.parse_respond_frame(frame_index, par);
}
else {
  is_boot_success = false;
}
```

⑥ 刷新模块的工作状态，标记出错信息，代码如下：

```
if(is_boot_success){
    // 如果启动阶段没有错误，模块进入 READY 工作状态
    this.info.com_info = ST.WORKING;
}
else {
    // 如果启动阶段有错误，模块进入 ERROR 工作状态
    this.info.com_error = 1;
    this.info.com_info = ST.ERROR;
    this.close();
}
```

● 周期性通信

cycle_com()子方法实现外部设备通信模块的周期性通信功能。该方法的主要实现步骤与启动通信 boot_com()子方法基本相同，它们的区别包括：

① 不再实例化 udp_socket；

② 生成并发送指令报文，接收并解析状态报文；

③ 更新 cable_io_in 数据电缆变量。

由于篇幅所限，不再列举 cycle_com()子方法的具体实现步骤，读者可以参考上面介绍的 boot_com()子方法的步骤分析相关的示例程序：

```
private void cycle_com()
```

● 关闭模块

数控系统程序结束后，必须关闭 Socket，释放通信连接。close()方法实现该功能，它在数控内核功能结束后释放资源时被调用，参见章节 6.8.2。close()方法的示例程序如下：

```
public void close() {
    // 关闭 Socket
    if (this.udp_socket != null) {
        this.udp_socket.close();
    }
}
```

6.7　操作与运行管理

6.7.1　操作和显示(HMI)

1. 人机交互界面的功能

数控机床操作和显示任务由人机操作交互界面(HMI，Human Machine Interface)完成，本书提供一个简化的操作和显示示例，包括如下 4 个方面的主要功能。

(1) 工作方式选择和运行操作

● 自动循环；

● 手动进给(Jog)；
● 数控加工程序的输入和编辑；
● 加工参数的输入和编辑(刀具数据、坐标系偏移数据)；
● 系统配置参数的输入和编辑；
● 手动进给轴选择(X、Y、Z…)。

(2) 显　示

● 软菜单选择键；
● 数控加工程序；
● 系统配置参数；
● 加工参数；
● 坐标轴位置(X、Y、Z…)；
● 当前执行数控程序段。

(3) 操作界面的切换

● 如图 6.41 所示为主操作界面，可以选择自动循环、手动、数控加工程序编辑、加工参数编辑和系统配置参数编辑子菜单。

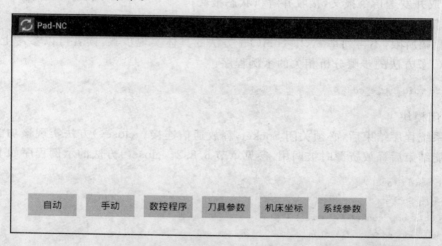

图 6.41　主操作界面

● 如图 6.42 所示为自动循环界面，可以显示当前机床坐标系位置和运行中的数控加工程序。

● 如图 6.43 所示为手动操作界面，可以选择坐标轴、显示当前机床坐标位置。

● 如图 6.44 所示为数控加工程序编辑界面，可以打开、编辑、保存数控加工程序，设定自动运行的数控加工程序。

● 如图 6.45 所示为加工参数编辑功能下的刀具参数设定界面，可以打开、编辑、保存刀具参数。

● 如图 6.46 所示为加工参数编辑功能下的机床坐标系参数设定界面，可以打开、编辑、保存机床坐标系参数。

● 如图 6.47 所示为系统配置参数编辑界面，可以打开、编辑、保存机床和控制系统配置参数。

图 6.42　自动循环界面

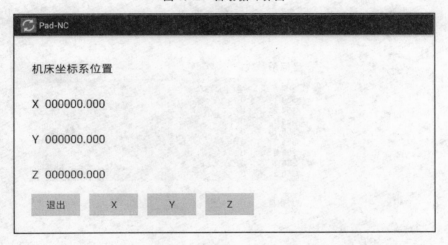

图 6.43　手动操作界面

图 6.44　数控加工程序编辑界面

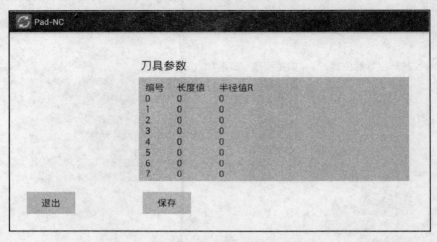

图 6.45　刀具参数设定界面

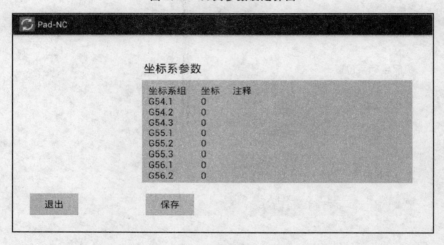

图 6.46　机床坐标系参数设定界面

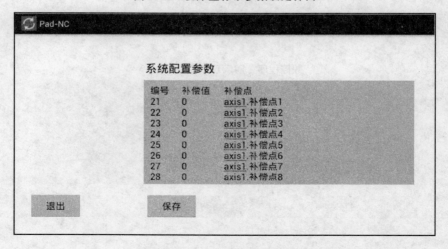

图 6.47　系统配置参数界面

（4）文件的编辑和管理

● 数控加工程序；

● 系统配置参数；

● 加工参数。

2．人机交互界面的布局设计

根据 5.2.1 节介绍的 Android 视图设计方法，可以完成图 6.41～图 6.47 所示的数控系统操作和显示界面布局设计。

数控系统界面使用一个布局（layout）xml 文件，名称为 activity_main.xml。图 6.48 是该文件在图形化编辑工具中的显示视图，界面都是由它产生的。作者定义了一个 PadNC_Activity 类控制不同界面之间的切换，并设定各个界面控件的显示和响应方法。下面分别介绍数控系统界面的布局文件和 PadNC_Activity 类的示例程序。

图 6.48 所示的界面布局分为以下 5 个区域：

① 4 个 TextView 控件，它们的文本内容不会变化，控件的 id 是 textView1 - textView4，其显示的内容分别是"机床坐标系位置"、"X"、"Y"和"Z"。

② 3 个 TextView 控件，它们显示坐标系的值，控件的 id 是 textView_X、textView_Y 和 textView_Z。

③ 6 个 Button 控件，它们的 id 是 button1 - button6。

④ 用来显示标题的 TextView 控件，它的 id 是 textView_title。

⑤ 程序和参数显示区域包括两个控件：一个是 id 为 textView_prog 的 TextView 控件，它在自动循环界面显示加工程序的内容；另一个是 id 为 editView1 的 EditText 控件（EditText 是一个允许用户编辑文本的常用控件），editView1 在数控加工程序编辑界面或参数设定界面显示相应的文件或参数，并允许使用者编辑相关内容。该区域的两个控件重叠在一起，在不同的视图模式下选择其中的一个控件显示并使用。

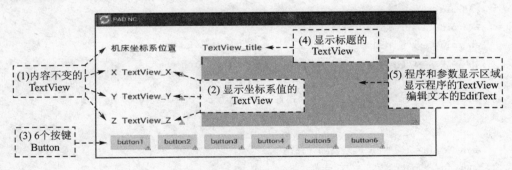

图 6.48 数控系统的视图布局（layout）

下面是 activity_main.xml 文件的代码示例，所有控件的属性都在＜TextView＞、＜Button＞和＜EditText＞等元素中定义。由于篇幅所限，下文省略了对相似控件的描述。xml 文件相关元素、属性的含义参见 5.2.1 中的介绍。其示例程序如下：

```
＜AbsoluteLayout xmlns:android = "http://schemas.android.com/apk/res/android"
   xmlns:tools = "http://schemas.android.com/tools"
   android:id = "@ + id/AbsoluteLayout1"
```

```
    android:layout_width = "match_parent"
    android:layout_height = "match_parent" >

    <TextView
      android:id = "@ + id/textView1"
      android:layout_width = "wrap_content"
      android:layout_height = "wrap_content"
      android:layout_x = "35dp"
      android:layout_y = "50dp"
      android:text = "机床坐标系位置"
      android:textAppearance = "? android:attr/textAppearanceLarge" />

    <TextView
      android:id = "@ + id/textView2"
      android:layout_width = "wrap_content"
      android:layout_height = "wrap_content"
      android:layout_x = "35dp"
      android:layout_y = "120dp"
      android:text = "X"
      android:textAppearance = "? android:attr/textAppearanceLarge" />
```

省略显示"Y"和"Z"的 TextView 控件, id 分别为 textView3、textView4

```
    <TextView
      android:id = "@ + id/textView_X"
      android:layout_width = "150dp"
      android:layout_height = "wrap_content"
      android:layout_x = "60dp"
      android:layout_y = "120dp"
      android:text = "TextView_X"
      android:textAppearance = "? android:attr/textAppearanceLarge" />
```

省略显示 Y 轴和 Z 轴坐标值的 TextView 控件, id 分别为 textView_Y、textView_Z

```
    <TextView
      android:id = "@ + id/textView_title"
      android:layout_width = "350dp"
      android:layout_height = "wrap_content"
      android:layout_x = "250dp"
      android:layout_y = "50dp"
      android:text = "TextView_title"
      android:textAppearance = "? android:attr/textAppearanceLarge" />

    <TextView
      android:id = "@ + id/textView_prog"
```

```
    android:layout_width = "509dp"
    android:layout_height = "203dp"
    android:layout_x = "250dp"
    android:layout_y = "88dp"
    android:background = "#a3a3a3"
    android:scrollHorizontally = "true"
    android:scrollbarAlwaysDrawVerticalTrack = "true"
    android:scrollbarStyle = "insideOverlay"
    android:scrollbars = "horizontal|vertical"
    android:text = "TextView_prog"
    android:textAppearance = "?android:attr/textAppearanceLarge" />

  <Button
    android:id = "@ + id/button1"
    android:layout_width = "100dp"
    android:layout_height = "50dp"
    android:layout_x = "30dp"
    android:layout_y = "310dp"
    android:minWidth = "80dip"
    android:text = "button1" />
```

省略按键 2～按键 6,id 分别为 button2～button6

```
  <EditText
    android:id = "@ + id/editText1"
    android:layout_width = "513dp"
    android:layout_height = "203dp"
    android:layout_x = "247dp"
    android:layout_y = "89dp"
    android:background = "#a3a3a3"
    android:ems = "10"
    android:gravity = "top|left"
    android:inputType = "textMultiLine" >
    <requestFocus />
  </EditText>
</AbsoluteLayout>
```

　　构建一个枚举 ViewStatus,可以记录和控制当前的活动界面,它的示例代码和说明如下所示:

```
public enum ViewStatus {
    MAIN,              // 图 6.41    主操作界面
    AUTO,              // 图 6.42    自动循环界面
    HAND,              // 图 6.43    手动操作界面
    PROGRAM,           // 图 6.44    数控加工程序编辑界面
    TOOL_PAR,          // 图 6.45    刀具参数设定界面
```

```
    COOD_PAR,    // 图 6.46   机床坐标系参数设定界面
    SYS_CFG      // 图 6.47   系统配置参数界面
}
```

3. 人机交互界面的编程

根据 5.2.1 节介绍的人机交互界面编程方法,作者开发的实例数控系统将人机交互界面程序融合在系统主程序中。定义一个 PadNC_Activity 类描述数控系统界面,它由定时器控制、创建系统 create_nc_core()、启动系统周期运行 start_nc_cycle()、系统周期运行 cycle()等数控系统核心控制程序和人机交互界面控制程序组成。示例程序如下:

```
public class PadNC_Activity extends Activity {

    // 内部变量
    ViewStatus formStatus;          // 界面工作状态
    public nc_core nck;             // 数控内核
    private Timer timer = new Timer(); // 定时器
    // 定时器任务
    private TimerTask task = new TimerTask(){
        @Override
        public void run() {
            Message message = new Message();
            message.what = 1; // 发送 what 值为 1 的消息,执行数控内核任务
            handler.sendMessage(message);
        }
    }


    // 消息处理
    public Handler handler = new Handler(){
    @Override
    public void handleMessage(Message msg){
        switch (msg.what) {
            case 1:
                // 执行定时任务
                nck.cycle();
                refreshView();
                break;
            }
        }
    };

    @Override
    public void onCreate(Bundle savedInstanceState) {
        super.onCreate(savedInstanceState);
        // 为 Activity 指定 xml 布局文件
        setContentView(R.layout.activity_main);
```

```java
        // 切换到主界面
        changeToMainView();
        // 数控系统内核
        create_nc_core();
        // 启动数控系统周期运行
        start_nc_cycle();
    }

    @Override
    public boolean onCreateOptionsMenu(Menu menu) {
        getMenuInflater().inflate(R.menu.activity_main, menu);
        return true;
    }


    // 退出时释放资源
    @Override
    protected void onStop() {
        super.onStop();
        timer.cancel();// 程序退出时关闭定时器
        nck.close();
    }


    // 创建数控系统内核
    private void create_nc_core(){
        // 数控内核类的实例化
        this.nck = new nc_core();
        // 数控内核的创建和初始化
        nck.boot();
    }


    // 启动数控系统周期运行,定时周期由系统常数 SYS_CFG.SYS_PERIOD 确定
    public void start_nc_cycle(){
        timer.schedule(
        task,
        SYS_CFG.SYS_PERIOD,
        SYS_CFG.SYS_PERIOD);
    }


    // 切换界面的方法
    // 切换到主界面
    private void changeToMainView(){
        this.formStatus = ViewStatus.MAIN;

        // button1 的属性设定
        displayView(R.id.button1);// 显示 button1
```

```java
        setButtonText(R.id.button1,"自动");// 文字设为:自动
        setButtonListener(   //设定按键监听类
            R.id.button1,
            new Button.OnClickListener(){
              @Override
              public void onClick(View v){
                changeToAutoView();   // 设定为自动循环界面
                setKeyIndex(1,0);  // 按键代码 index[1][0]
              }
            }
        );


        // button2～button6 的属性设定
        // 代码与 button1 的属性设定类似,具体代码省略

        // 隐藏坐标相关文本
        hideView(R.id.textView1);
        hideView(R.id.textView2);
        hideView(R.id.textView3);
        hideView(R.id.textView4);
        hideView(R.id.textView_X);
        hideView(R.id.textView_Y);
        hideView(R.id.textView_Z);

        // 隐藏加工程序程序信息
        hideView(R.id.textView_prog);
        hideView(R.id.textView_title);
        hideView(R.id.editText1);
    }


// 切换到自动循环界面
private void changeToAutoView() {
    // 代码略
}


// 切换到手动操作界面
private void changeToHandView() {
    // 代码略
}


// 切换到数控加工程序编辑界面
private void changeToProgramView() {
    // 代码略
}
```

```
// 切换到刀具参数设定界面
private void changeToToolView() {
    // 代码略
}

// 切换到机床坐标系参数设定界面
private void changeToCoordView() {
    // 代码略
}

// 切换到系统配置参数界面
private void changeToSysCfgView() {
    // 代码略
}

// 刷新界面的子方法
private void refreshView(){
    switch (formStatus) {
        case AUTO:
        case HAND:
            double x = nck.cable_ihand_pos.ax.pos[0];
            setTextViewText(R.id.textView_X, String.valueOf(x));
            double y = nck.cable_ihand_pos.ax.pos[1];
            setTextViewText(R.id.textView_Y, String.valueOf(y));
            double z = nck.cable_ihand_pos.ax.pos[2];
            setTextViewText(R.id.textView_Z, String.valueOf(z));
        default:
            break;
    }
}

// 给 nc_core 的 hmi 模块设定菜单键代码
private void setKeyIndex(int i, int j){
    // 代码略
}

// 操作控件的子方法
// 指定 TextView 控件的显示字符串的子方法
private void setTextViewText(int id, String text) {
    ((TextView)findViewById(id)).setText(text);
}

// 指定按键 Button 的显示字符串的子方法
private void setButtonText(int id, String text) {
    ((Button)findViewById(id)).setText(text);
```

```
        }

        // 指定按键 Button 的监听类的子方法
        private void setButtonListener(int id, Button.OnClickListener l) {
            ((Button)findViewById(id)).setOnClickListener(l);
        }

        // 隐藏控件的子方法
        private void hideView(int id) {
            ((View)findViewById(id)).setVisibility(View.GONE);
        }

        // 显示控件的子方法
        private void displayView(int id) {
            ((View)findViewById(id)).setVisibility(View.VISIBLE);
        }

        // 文件相关
        // 打开文件,TextView 控件打开,只读
        private void openFile(String path) {
            // 代码略
        }

        // 编辑文件,EditText 控件打开相关文件,可以编辑
        private void editFile(String path){
            // 代码略
        }

        // 保存文件
        private void saveFile(String path) {
            // 代码略
        }
    }
```

示例程序中与界面控制相关的典型语句功能如下:

● 内部变量

formStatus:ViewStatus 枚举,表示界面的状态。

● 切换界面的方法

changeToMainView()方法实现了切换到主界面的功能。该方法的操作流程如下:

① 设定界面的状态(formStatus)。

② 设定按键的属性,例如 button1 的显示文字是"自动",它的功能是调用 changeToAuto-View()方法切换到自动循环界面,并向 nc_core 发送按键代码(1,0)。示例程序中包括设置 button1 属性的操作方法,button2~button6 的相关代码省略。

③ 隐藏或显示其他控件。

程序片段如下：

```
// 切换到主界面
  private void changeToMainView(){
     this.formStatus = ViewStatus.MAIN;   // 设定界面的工作状态

     // button1 的属性设定
     displayView(R.id.button1);//显示 button1
     setButtonText(R.id.button1,"自动");// 文字设为：自动
     setButtonListener(   //设定按键监听类
        R.id.button1,
        new Button.OnClickListener(){
          @Override
          public void onClick(View v){
            changeToAutoView();   // 设定为自动循环界面
            setKeyIndex(1, 0);   // 设定按键代码 index[1][0]
          }
        }
     );

     // button2～button6 的属性设定
     //略

     // 隐藏坐标相关文本
     hideView(R.id.textView1);
     hideView(R.id.textView2);
     hideView(R.id.textView3);
     hideView(R.id.textView4);
     hideView(R.id.textView_X);
     hideView(R.id.textView_Y);
     hideView(R.id.textView_Z);

     // 隐藏加工程序程序信息
     hideView(R.id.textView_prog);
     hideView(R.id.textView_title);
     hideView(R.id.editText1);
  }
```

切换到其他界面的方法包括：

```
private void changeToAutoView()          // 切换到自动循环界面
private void changeToHandView()          // 切换到手动操作界面
private void changeToProgramView()       // 切换到数控加工程序编辑界面
private void changeToToolView()          // 切换到刀具参数设定界面
private void changeToCoordView()         // 切换到机床坐标系参数设定界面
private void changeToSysCfgView()        // 切换到系统配置参数界面
```

它们使用与 changeToMainView()相似的程序结构。

● 刷新界面

refreshView()方法完成刷新界面的功能。典型的界面刷新功能是显示机床的位置坐标值,例如在自动和手动工作方式下将 cable_ihand_pos 数据电缆中的坐标轴位置在 textView_X、textView_Y、textView_Z 控件中显示,示例程序如下:

```
private void refreshView(){
    switch (formStatus) {
        case AUTO:
        case HAND:
            double x = nck.cable_ihand_pos.ax.pos[0];
            setTextViewText(R.id.textView_X, String.valueOf(x));
            double y = nck.cable_ihand_pos.ax.pos[1];
            setTextViewText(R.id.textView_Y, String.valueOf(y));
            double z = nck.cable_ihand_pos.ax.pos[2];
            setTextViewText(R.id.textView_Z, String.valueOf(z));
        default:
            break;
    }
}
```

● 向 nc_core 发送参数

setKeyIndex()方法完成了向 nc_core 发送按键代码的功能,按键代码被保存在 hmi 模块的内部变量中,由 hmi 模块控制写入对应的数据电缆中并传输给数控系统的其他功能模块,参见"4. 操作和显示界面模块程序示例":

```
private void setKeyIndex(int i, int j)
```

● 设置控件属性的辅助方法

```
setTextViewText()          // 指定 TextView 控件的显示字符串
setButtonText()            // 指定按键 Button 的显示字符串
setButtonListener()        // 指定按键 Button 的监听类
hideView()                 // 隐藏控件
displayView()              // 显示控件
```

● 操作文件的子方法

```
openFile()      // 打开文件,TextView 控件打开,只读
editFile()      // 编辑文件,EditText 控件打开相关文件,可以编辑
saveFile()      // 保存文件
```

4. 操作和显示界面模块程序示例

图 6.49 是操作和显示界面模块的结构图。操作和显示界面模块的输入连接数控加工程序读入模块 read_nc_prog 和插补/手动切换模块 ihand_switch 的输出;它的输出连接系统运行管理模块 sys_manager 的输入,如图 6.2(a)所示。图 6.41~图 6.47 所示各个界面的操作都会在该模块中得到响应。

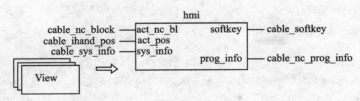

图 6.49　操作和显示界面模块

操作和显示界面模块的输入变量、输出变量和示例程序如下：

(1) 输入变量

● cable_nc_block/act_nc_bl：当前数控加工程序段和下一个插补程序段内容，来自数控加工程序读入模块的数据电缆，参见 7.4 节(12)中的定义。

● cable_ihand_pos/act_pos：插补/手动模块位置指令输出，来自插补/手动切换模块的数据电缆，参见 7.4 节(7)中的定义。

● cable_sys_info/sys_info：来自各个功能模块的工作状态信息，数据电缆类在 7.4 节(17)中的定义。

(2) 输出变量

● softkey/cable_softkey：传递操作界面各种控件的状态，作为系统运行管理模块的输入。数据电缆类在 7.4 节(16)中定义。主要的内部变量是 index[][]，表示显示屏操作控件状态指示。例如在图 6.41 所示的主界面按下第二个按键控件(手动)，进入手动界面，hmi 模块会产生如下状态指示：softkey.index[2][0]=true。在图 6.43 所示的手动界面按下第三个按键控件(Y)，hmi 模块会产生如下状态指示：softkey.index[2][3]=true。

● prog_info/cable_nc_prog_info：数控加工程序的信息，作为数控加工程序读入模块的输入，数据电缆在 7.4 节(13)中定义。如果在数控加工程序编辑界面(见图 6.44)单击了"选中执行"按键，那么当前数控加工程序的文件名和保存目录被写入数据电缆 cable_nc_prog_info 中。

(3) 内部变量

● key_index：记录数控系统界面上被单击的按键代码。如果按键被单击，PadNC_Acitivy 类会自动调用 setKeyIndex()方法改变 key_index 的值。在 hmi 模块执行过程中，key_index 的值被写入 cable_softkey 数据电缆中。

(4) 示例程序片段

以下是操作和显示界面模块的示例程序片段：

```
public class _hmi {
  _hmi(_cable_nc_block act_nc_bl,
      _cable_ihand_pos act_pos,
      _cable_sys_info sys_info,
      _cable_softkey softkey,
      _cable_nc_prog_info prog_info){
    this.act_nc_bl = act_nc_bl;
    this.act_pos = act_pos;
    this.sys_info = sys_info;
```

```
        this.softkey = softkey;
        this.prog_info = prog_info;

        this.key_index
          = new boolean[SYS_CFG.MAX_SOFTKEY][SYS_CFG.MAX_SOFTKEY];
    }

    // 输入变量
    _cable_nc_block act_nc_bl;
    _cable_ihand_pos act_pos;
    _cable_sys_info sys_info;

    // 输出变量
    _cable_softkey softkey;
    _cable_nc_prog_info prog_info;

    // 内部变量
    public boolean[][] key_index;

    //功能
    public   void active(){
        // 将 key_index 写入 cable_softkey 中
        for(int i = 0; i < SYS_CFG.MAX_SOFTKEY; i + + ){
          for(int j = 0; j<SYS_CFG.MAX_SOFTKEY; j+ + ){
            this.softkey.index[i][j] = this.key_index[i][j];
            this.key_index[i][j] = false;
          }
        }
    }
}
```

示例程序的典型语句功能如下：

将按键代码值写入 cable_softkey 中，数值写入后将 key_index 变量的全部赋值为 false：

```
for(int i = 0; i < SYS_CFG.MAX_SOFTKEY; i + + ){
  for(int j = 0; j<SYS_CFG.MAX_SOFTKEY; j+ + ){
    this.softkey.index[i][j] = this.key_index[i][j];
    this.key_index[i][j] = false;
  }
}
```

6.7.2　系统运行管理

系统运行管理功能模块 sys_manager 接收来自系统人机操作界面模块 hmi 和 PLC 接口的机床操作命令（见图 6.2(a)），控制整个系统的运行和运行方式控制，包括：

● 数控程序预处理（数控加工程序读入、译码…）；

- 运动控制（插补、坐标变换…）；
- 插补程序的连续运行；
- 循环启动（START）；
- 进给保存（FEEDHOLD）；
- 加工继续（CONTINUE）；
- 停止运行（STOP）；
- 手动进给轴选择（X、Y、Z…）；
- 手动进给（JOG＋、JOG－）。

图 6.50 是系统运行管理模块的结构图。

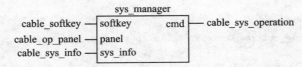

图 6.50　运行管理任务的结构图

系统运行管理模块的输入变量、输出变量和示例程序如下：

1. 输入变量

- cable_softkey/softkey：操作界面的控件状态，来自人机操作界面 hmi 模块的数据电缆，参见 7.4 节（16）中的定义。
- cable_sys_info/sys_info：当前系统功能模块的运行状态，数据电缆类在 7.4（17）中定义，内部元素例如：

intpl_info：插补器运行状态；

slop_info：升降速运行状态；

com_info：现场总线通信状态。

- cable_op_panel/panel：通过数据电缆 cable_op_panel（在 7.4 节（14）中定义）连接 PLC 控制模块（见图 6.2(d)），获得来自机床操作面板的操作命令：循环启动（START）、插补暂停（FEEDHOLD）、插补继续（CONTINUE）、进给倍率（OVERRIDE）。PLC 控制模块通过总线驱动模块连接机床操作面板，图 6.51 是机床操作面板与 PLC 输入接口的连接示意图。

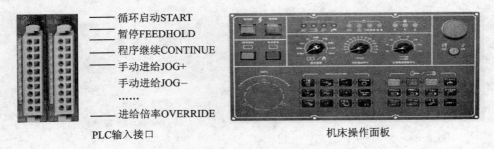

图 6.51　机床操作面板与 PLC 输入接口的连接

2. 输出变量

cmd/cable_sys_operation：通过数据电缆 cable_sys_operation（在 7.4 节（18）中定义）向其他功能模块发出控制命令，例如：

read_nc_prog：发给读数控加工程序模块；

decode：发给译码模块；

intpl：发给插补模块；

hand：发给手动模块；

device_com：发给现场总线通信模块；

override：进给倍率；

jog_axis：手动进给轴选择。

3. 示例程序片段

以下是一个系统运行管理功能模块的示例程序片段：

```java
public class _sys_manager {
    _sys_manager(_cable_softkey softkey, _cable_op_panel panel, _cable_sys_info sys_info, _cable_sys_operation cmd) {
        this.softkey = softkey;
        this.panel = panel;
        this.sys_info = sys_info;
        this.cmd = cmd;
    }

    // 输入变量
    _cable_softkey softkey;
    _cable_op_panel panel;
    _cable_sys_info sys_info;

    // 输出变量
    _cable_sys_operation cmd;

    //功能
    public   void active(){

        // 系统工作模式选择
        if (softkey.index[1][0] = = true ) {
        // 自动方式
        cmd.mode = OP_MODE.AUTOMATIC;
        }

        else if(softkey.index[2][0] = = true ) {
        // 手动方式
        cmd.mode = OP_MODE.JOG;
        if (softkey.index[2][2] = = true ) {
        // 选择第 1 轴
        cmd.jog_axis = 1;
        }
        else if (softkey.index[2][3] = = true ) {
```

```
          // 选择第 2 轴
          cmd.jog_axis = 2;
       }
    else if (softkey.index[2][3] = = true ) {
       // 选择第 3 轴
       cmd.jog_axis = 3;
       }
    }

else if(softkey.index[3][0] = = true) {
   // 程序或参数编辑方式
   cmd.mode = OP_MODE.EDIT;
    }


// device_com 模块一直保持启动状态
cmd.device_com = CMD.WORKING;


if (cmd.mode = = OP_MODE.AUTOMATIC){
// 机床操作面板按钮
   switch (panel.in[1]) {
     case 1：// 循环启动 START
        cmd.read_nc_prog = CMD.START;
        cmd.decode = CMD.START;
        cmd.intpl = CMD.START;
        break;

     case 2：// 暂停 FEEDHOLD
        cmd.intpl = CMD.FEEDHOLD;
        break;

     case 4：// 程序继续　CONTINUE
        cmd.intpl = CMD.CONTINUE;
        break;
     }
   }// 机床操作面板按钮

// 进给倍率 override
cmd.override = panel.in[2] * (float)0.1;

if (cmd.mode = = OP_MODE.JOG){
   // 手动 JOG
   switch (panel.in[3]){
   case 1：// jog +
     cmd.hand = CMD.JOG_PLUS;
     break;
```

```
        case 2: // jog -
            cmd.hand = CMD.JOG_MINUS;
            break;
        }
    }

    if (cmd.mode = = OP_MODE.AUTOMATIC){
      //  运行循环控制,程序略
    }
  }
}
```

示例程序的典型控制语句功能如下：

(1) 设置系统工作方式

通过数据电缆 softkey. index 接口从人机操作界面读入系统工作方式命令，设置系统工作方式：

● 自　动

```
if (softkey.index[1][0] = = true ) {
  // 自动方式
  cmd.mode = OP_MODE.AUTOMATIC;
}
else if(softkey.index[2][0] = = true ) {
  // 手动方式
  cmd.mode = OP_MODE.JOG;
}
```

● 手　动

```
else if(softkey.index[2][0] = = true ) {
// 手动方式
cmd.mode = OP_MODE.JOG;
}
```

● 手动进给轴选择（例如选择第 1 轴）

```
if (softkey.index[2][2] = = true ) {
  // 选择第 1 轴
  cmd.jog_axis = 1;
}
```

● 编辑（程序或参数编辑方式）

```
else if(softkey.index[3][0] = = true) {
// 程序或参数编辑方式
cmd.mode = OP_MODE.EDIT;
}
```

● 外部通信模块一直保持启动工作状态

```
cmd.device_com = CMD.WORKING;
```

（2）机床操作命令

通过数据电缆 cable_op_panel 从 PLC 接口读入机床操作面板控制命令，并通过数据电缆 cable_sys_operation 发出系统控制命令。表 6.7 是本例中机床操作面板按钮与 PLC 输入接口的连接地址。

表 6.7　机床操作面板按钮与 PLC 输入接口的连接地址

PLC - IN 接口地址	操作按钮
plc_io.in[1].1	循环启动 START
plc_io.in[1].2	插补暂停 FEEDHOLD
plc_io.in[1].3	插补继续 CONTINUE
plc_io.in[2].1~plc_io.in[2].10	进给倍率（OVERRIDE）
plc_io.in[3].1	手动进给 JOG＋
plc_io.in[3].2	手动进给 JOG－

● 自动运行方式操作命令

包括循环启动（CMD.START）、插补暂停（CMD.FEEDHOLD）、插补继续（CMD.CONTINUE），其中循环启动命令发给读数控加工程序模块（read_nc_prog）、译码器模块（decode）和插补器模块（interpolator）。程序示例如下：

```
if (cmd.mode = = OP_MODE.AUTOMATIC){
  // 机床操作面板按钮
switch (panel.in[1]) {
    case 1: // 循环启动 START
      cmd.read_nc_prog = CMD.START;
      cmd.decode = CMD.START;
      cmd.intpl = CMD.START;
      break;
    case 2: // 暂停 FEEDHOLD
      cmd.intpl = CMD.FEEDHOLD;
      break;
    case 4: // 程序继续 CONTINUE
      cmd.intpl = CMD.CONTINUE;
      break;
  }
}
```

● 进给倍率（VOERRIDE）

进给倍率分为 1~10 挡，每挡对应 10%：

cmd.override＝panel.in[2] * (float)0.1;

● 手动运行方式操作命令

在手动工作方式下，从操作面板读入操作按钮（JOG_PLUS/JOG_MINUS）状态，通过系统操作命令数据电缆 cable_sys_operation 发给手动进给模块 hand。其代码如下：

```
if (cmd. mode = = OP_MODE. JOG){
  // 手动 JOG
  switch (panel. in[3]){
    case 1: // jog +
      cmd. hand = CMD. JOG_PLUS;
      break;

    case 2: // jog -
      cmd. hand = CMD. JOG_MINUS;
      break;
  }
}
```

(3) 程序循环控制

在自动运行工作方式下,控制数控加工程序连续运行。系统运行管理模块从系统信息数据电缆 cable_sys_info 获得相关模块的工作状态信息(例如:插补线段结束 sys_info. intpl_info=ST. FINISH),然后发出下读入下一个程序段命令(cmd. read_nc_prog=CMD. DO)、译码命令(cmd. decode=CMD. DO)、插补命令(cmd. intpl=NEW_BLOCK),维持程序循环运行,详细程序略:

```
if (cmd. mode = = OP_MODE. AUTOMATIC){
  //  运行循环控制,程序略
}
```

6.8　系统创建和运行

图 6.2 给出了数控系统软件的基础结构,它由功能模块、数据电缆和参数构成,作者将它们定义为数控系统基础构件。数据电缆确定了功能模块之间的连接关系。本章第 6.3~6.7 节和第 7 章介绍了用 Java 类定义数控系统基础构件的方法和程序示例。

本节主要介绍创建数控系统运行程序的方法和程序流程,包括:

● 数控系统基础构件类(功能模块、数据电缆、参数)的实例化;

● 加载系统参数;

● 启动系统周期运行;

● 数控系统结束后释放被调用的资源。

图 6.52 是系统创建和运行过程的流程图。数控系统示例程序由两个核心类组成:

(1) PadNC_Activity:定义主 Activity 的类

主 Activity 类功能包括:

① 实例化数控系统内核;

② 启动数控系统周期运行;

③ 关闭数控系统程序后释放被调用的资源;

④ 控制数控系统程序的界面切换、内容显示和动作响应。

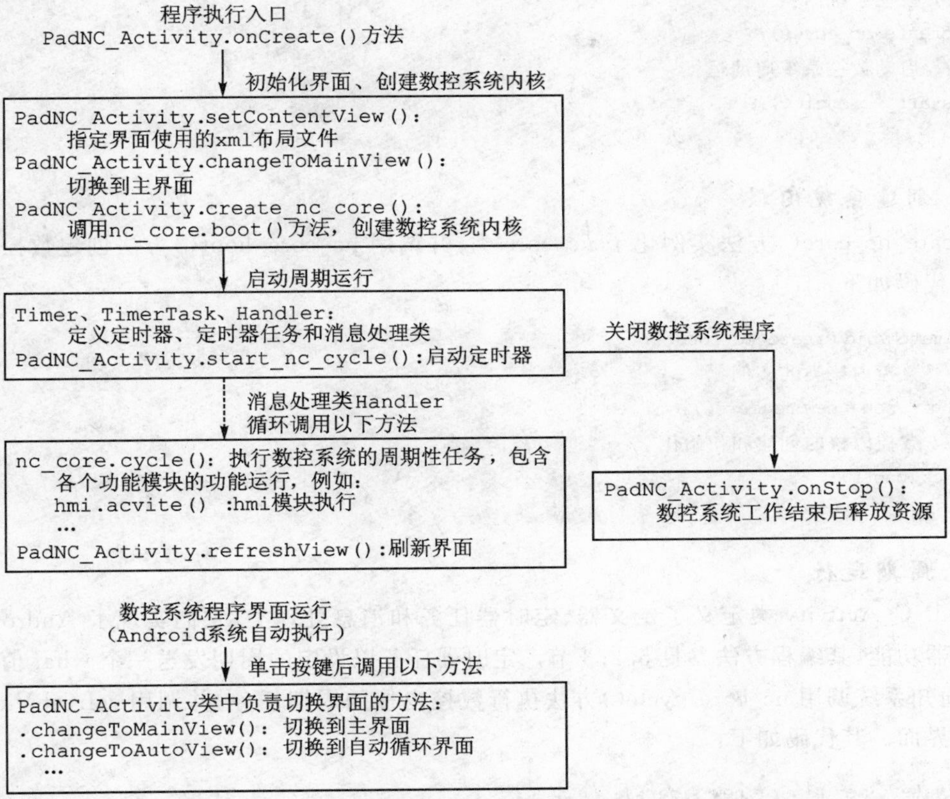

```
程序执行入口
PadNC_Activity.onCreate()方法
```

↓ 初始化界面、创建数控系统内核

```
PadNC_Activity.setContentView():
    指定界面使用的xml布局文件
PadNC_Activity.changeToMainView():
    切换到主界面
PadNC_Activity.create_nc_core():
    调用nc_core.boot()方法, 创建数控系统内核
```

↓ 启动周期运行

```
Timer、TimerTask、Handler:
    定义定时器、定时器任务和消息处理类
PadNC_Activity.start_nc_cycle():启动定时器
```

→ 关闭数控系统程序

消息处理类Handler
循环调用以下方法

```
nc_core.cycle(): 执行数控系统的周期性任务,包含
    各个功能模块的功能运行,例如:
    hmi.acvite()  :hmi模块执行
    ...
PadNC_Activity.refreshView():刷新界面
```

```
PadNC_Activity.onStop():
    数控系统工作结束后释放资源
```

```
数控系统程序界面运行
(Android系统自动执行)
```

↓ 单击按键后调用以下方法

```
PadNC_Activity类中负责切换界面的方法:
.changeToMainView(): 切换到主界面
.changeToAutoView(): 切换到自动循环界面
    ...
```

图 6.52　系统创建和运行过程流程图

(2) nc_core:数控系统核心类

负责创建数控系统的基础构件和初始化参数,执行控制数控系统的周期性任务。

6.8.1　PadNC_Activity 类的相关程序实例

6.7.1 节给出了 PadNC_Activity 类的程序示例,其中,与系统创建、周期运行以及释放资源相关的典型语句功能如下:

1. 程序执行入口

在数控系统程序中,PadNC_Activity. onCreate()方法首先被执行。该方法依次调用 setContentView()方法设定布局 xml 文件;调用 changeToMainView()方法切换到主界面;调用 create_nc_core()方法创建系统内核;调用 start_nc_cycle()方法启动数控系统的周期运行。其代码如下:

```
@Override
public void onCreate(Bundle savedInstanceState) {
    super.onCreate(savedInstanceState);
    // 为 Activity 指定 xml 布局文件
    setContentView(R.layout.activity_main);
    // 切换到主界面
    changeToMainView();
```

```
    // 数控系统内核
    create_nc_core();
    // 启动数控系统周期运行
    start_nc_cycle();
}
```

2. 创建系统内核

create_nc_core()方法实例化了 nc_core 类,并调用 nc_core. boot()方法创建数控系统内核。其代码如下:

```
private void create_nc_core(){
    // 数控内核类的实例化
    this.nck = new nc_core();
    // 数控内核的创建和初始化
    nck.boot();
}
```

3. 周期运行

PadNC_Activity 类定义了定义器、定时器任务和消息处理类,它们实现了 Android 系统的定时器功能,其编程方法参见 5.2.3 节。定时器任务以设定的周期发送一个 what 值为 1 的消息,通知系统调用 nc_core. cycle()方法执行数控内核的周期任务,并调用 refreshView()方法刷新界面。其代码如下:

```
private Timer timer = new Timer(); // 定时器
// 定时器任务
private TimerTask task = new TimerTask(){
    @Override
    public void run() {
        Message message = new Message();
        message. what = 1; // 发送 what 值为 1 的消息,执行数控内核任务
        handler. sendMessage(message);
    }
}


// 消息处理
public Handler handler = new Handler(){
    @Override
    public void handleMessage(Message msg){
        switch (msg. what) {
            case 1:
                // 执行定时任务
                nck. cycle();
                refreshView();
                break;
        }
    }
};
```

PadNC_Activity. start_nc_cycle()方法实现了启动定时器的功能,定时器周期由系统常数 SYS_CFG. SYS_PERIOD 确定,参见 7.1 节(5)中的定义。其代码如下:

```
public void start_nc_cycle(){
  timer. schedule(
  task,
  SYS_CFG. SYS_PERIOD,
  SYS_CFG. SYS_PERIOD);
}
```

4. 释放资源

onStop()方法实现了关闭数控系统后释放资源的功能,它关闭了定时器,并调用 nc_core. close()方法,释放数控系统内核调用的资源。其代码如下:

```
@Override
protected void onStop() {
  super. onStop();
  timer. cancel();// 程序退出时关闭定时器
  nck. close();
}
```

6.8.2 数控系统内核程序示例

数控系统内核 nc_core 类的实例程序结构如下:

```
public class nc_core {

  public nc_core(){
  }

  //定义数据电缆实例
  public _cable_sys_operation       cable_sys_operation;
  public _cable_sys_info            cable_sys_info;
  public _cable_softkey             cable_softkey;
  public _cable_nc_prog_info        cable_nc_prog_info;
  public _cable_nc_block            cable_nc_block;
  public _cable_plc_block           cable_plc_block;
  public _cable_motion_block        cable_motion_block;
  public _cable_coord_block         cable_coord_block;
  public _cable_intpl_block         cable_intpl_block;
  public _cable_intpl_pos           cable_intpl_pos;
  public _cable_hand_pos            cable_hand_pos;
  public _cable_ihand_pos           cable_ihand_pos;
  public _cable_trans_pos           cable_trans_pos;
  public _cable_cmp_pos             cable_cmp_pos;
  public _cable_drive_pos           cable_drive_pos;
  public _cable_io_in               cable_io_in;
```

```
public _cable_io_out              cable_io_out;
public _cable_op_panel            cable_op_panel;

//定义参数实例
public _par_decode                par_decode;
public _par_coord                 par_coord;
public _par_tool                  par_tool;
public _par_trans                 par_trans;
public _par_axis                  par_axis;
public _par_intpl                 par_intpl;
public _par_com                   par_com;

// 定义功能模块实例
public _hmi                       hmi;
public _sys_manager               sys_manager;
public _read_nc_prog              read_nc_prog;
public _decode                    decode;
public _coord_set                 coord_set;
public _tool_cmp                  tool_cmp;
public _interpolator              interpolator;
public _hand                      hand;
public _ihand_switch              ihand_switch;
public _coord_trans               coord_trans;
public _drive_adapt               drive_adapt;
public _axis_cmp                  axis_cmp;
public _plc                       plc;
public _device_com                device_com;

// 创建系统基础构件和初始化参数
public void boot() {
    this.create_blocks();             //创建控制模块和连接

    this.load_decode_par();           // 加载 par_decode 参数
    this.load_coord_par();            // 加载 par_coord 参数
    this.load_tool_par();             // 加载 par_tool 参数
    this.load_intpl_par();            // 加载 par_intpl 参数
    this.load_trans_par();            // 加载 par_trans 参数
    this.load_axis_par();             // 加载 par_axis 参数
    this.load_com_par();              // 加载 par_com 参数
}

// 创建功能模块、参数和数据电缆的实例,是 boot()的子方法
private void create_blocks(){
    // 创建数据电缆实例
    this.cable_sys_operation = new _cable_sys_operation();
```

```
        this.cable_sys_info = new _cable_sys_info();
        this.cable_softkey = new _cable_softkey();
        this.cable_nc_prog_info = new _cable_nc_prog_info();
        this.cable_nc_block = new _cable_nc_block();
        this.cable_plc_block = new _cable_plc_block();
        this.cable_motion_block = new _cable_motion_block();
        this.cable_coord_block = new _cable_coord_block();
        this.cable_intpl_block = new _cable_intpl_block();
        this.cable_intpl_pos = new _cable_intpl_pos();
        this.cable_hand_pos = new _cable_hand_pos();
        this.cable_ihand_pos = new _cable_ihand_pos();
        this.cable_trans_pos = new _cable_trans_pos();
        this.cable_cmp_pos = new _cable_cmp_pos();
        this.cable_drive_pos = new _cable_drive_pos();
        this.cable_io_in = new _cable_io_in();
        this.cable_io_out = new _cable_io_out();
        this.cable_op_panel = new _cable_op_panel();

        // 创建参数实例
        this.par_decode = new _par_decode();
        this.par_coord = new _par_coord();
        this.par_tool = new _par_tool();
        this.par_intpl = new _par_intpl();
        this.par_trans = new _par_trans();
        this.par_axis = new _par_axis();
        this.par_com = new _par_com();

        // 创建功能模块实例 hmi
        this.hmi = new _hmi( cable_nc_block, cable_ihand_pos, cable_sys_info, cable_softkey, cable_
nc_prog_info, this.activity.handler);

        // 创建功能模块实例 sys_manager
        this.sys_manager = new _sys_manager(cable_softkey, cable_op_panel, cable_sys_info, cable_
sys_operation);

        // 创建功能模块实例 read_nc_prog
        this.read_nc_prog = new _read_nc_prog(cable_nc_prog_info, cable_sys_operation, cable_nc_
block, cable_sys_info);

        // 创建功能模块实例 decode
        this.decode = new _decode(cable_nc_block, cable_sys_operation, par_decode, cable_motion_
block, cable_plc_block, cable_sys_info);

        // 创建功能模块实例 coord_set
        this.coord_set = new _coord_set(cable_motion_block, par_coord, cable_coord_block);
```

```
    // 创建功能模块实例 tool_cmp
    this.tool_cmp = new _tool_cmp(cable_coord_block, par_tool, cable_intpl_block);

    // 创建功能模块实例 interpolator
    this.interpolator = new _interpolator(cable_intpl_block, cable_sys_operation, par_intpl,
cable_intpl_pos, cable_sys_info);

    // 创建功能模块实例 hand
    this.hand = new _hand(cable_sys_operation, par_intpl, cable_hand_pos);

    // 创建功能模块实例 ihand_switch
    this.ihand_switch = new _ihand_switch(cable_intpl_pos, cable_hand_pos, cable_sys_opera-
tion, cable_ihand_pos);

    // 创建功能模块实例 coord_trans
    this.coord_trans = new _coord_trans(cable_ihand_pos, par_trans, par_tool, cable_trans_
pos);

    // 创建功能模块实例 axis_cmp
    this.axis_cmp = new _axis_cmp(cable_trans_pos, par_axis, cable_cmp_pos);

    // 创建功能模块实例 drv_adapt
    this.drive_adapt = new _drive_adapt(cable_cmp_pos, par_axis, cable_drive_pos);

    // 创建功能模块实例 plc
    this.plc = new _plc(cable_plc_block, cable_io_in, cable_io_out, cable_op_panel);

    // 创建功能模块实例 device_com
    this.device_com = new _device_com(cable_drive_pos, cable_sys_operation, cable_io_out, par_
com, cable_io_in, cable_sys_info);   }

// 加载译码参数 par_decode,是 boot()的子方法
// 从译码参数文件../par/par_decode.txt 读取参数,写参数变量
private void load_decode_par(){
   //代码省略
}

// 加载坐标系参数 par_coord,是 boot()的子方法
// 从译码参数文件../par/par_coord.txt 读取参数,写参数变量
private void load_coord_par(){
   //代码省略
}

// 加载刀具补偿参数 par_tool,是 boot()的子方法
// 从译码参数文件../par/par_tool.txt 读取参数,写参数变量
```

```
private void load_tool_par(){
    //代码省略
}


// 加载插补参数 par_intpl,是 boot()的子方法
// 从译码参数文件../par/par_intpl.txt 读取参数,写参数变量
private void load_intpl_par(){
    //代码省略
}


// 加载坐标变换参数 par_trans,是 boot()的子方法
// 从译码参数文件../par/par_trans.txt 读取参数,写参数变量
private void load_trans_par(){
    //代码省略
}


// 加载轴参数 par_axis,是 boot()的子方法
// 从译码参数文件../par/par_axis.txt 读取参数,写参数变量
private void load_axis_par(){
    //代码省略
}


// 加载外部设备通信参数 par_com,是 boot()的子方法
// 从译码参数文件../par/par_com.txt 读取参数,写参数变量
private void load_com_par(){
    //代码省略
}


// 系统周期运行方法
public void cycle(){
    this.hmi.active();                    // hmi 模块
    this.sys_manager.active();            // sys_manager 模块
    this.read_nc_prog.active();           // read_nc_prog 模块
    this.decode.active();                 // decod 模块
    this.coord_set.active();              // coord_set 模块
    this.tool_cmp.active();               // tool_cmp 模块
    this.interpolator.active();           // interpolator 模块
    this.interpolator.active();           // interpolator - slop 模块
    this.hand.active();                   // hand 模块
    this.ihand_switch.active();           // ihand_switch 模块
    this.coord_trans.active();            // coord_trans 模块
    this.axis_cmp.active();               // axis_cmp 模块
    this.drive_adapt.active();            // drv_adapt 模块
    this.plc.active();                    // plc 模块
    this.device_com.active();             // device_com 模块
```

```
    }

    public void close() {
        this.device_com.close();
    }
}
```

示例程序的典型语句功能如下:

1. 创建数控系统内核

nc_core 类构建了图 6.2 所示的数控系统的控制模块、参数和数据电缆。boot() 方法用于创建系统基础构件和初始化参数的功能,它的 create_blocks() 子方法完成数控系统控制模块和数据电缆的创建;load_decode_par() 子方法完成各功能模块参数的加载,将保存在平板电脑文件存储器(例如 SD 卡)中的参数加载到表示系统参数的变量中。实例程序如下:

```
public void boot() {
    this.create_blocks();          //创建控制模块和连接

    this.load_decode_par();        // 加载 par_decode 参数
    this.load_coord_par();         // 加载 par_coord 参数
    this.load_tool_par();          // 加载 par_tool 参数
    this.load_intpl_par();         // 加载 par_intpl 参数
    this.load_trans_par();         // 加载 par_trans 参数
    this.load_axis_par();          // 加载 par_axis 参数
    this.load_com_par();           // 加载 par_com 参数
}
```

2. 周期运行

nc_core.cycle() 方法实现数控系统的周期性任务,由与图 6.2 各个功能模块对应的 active() 方法组成,其代码如下:

```
// 系统周期运行方法
public void cycle(){
    this.hmi.active();                 // hmi 模块
    this.sys_manager.active();         // sys_manager 模块
    this.read_nc_prog.active();        // read_nc_prog 模块
    this.decode.active();              // decod 模块
    this.coord_set.active();           // coord_set 模块
    this.tool_cmp.active();            // tool_cmp 模块
    this.interpolator.active();        // interpolator 模块
    this.interpolator.active();        // interpolator - slop 模块
    this.hand.active();                // hand 模块
    this.ihand_switch.active();        // ihand_switch 模块
    this.coord_trans.active();         // coord_trans 模块
    this.axis_cmp.active();            // axis_cmp 模块
    this.drive_adapt.active();         // drv_adapt 模块
```

```
    this.plc.active();              // plc 模块
    this.device_com.active();       // device_com 模块
}
```

3. 释放资源

nc_core. close()方法调用了外部设备通信模块 device_com. close()方法(参见 6.6.2 节中的介绍),关闭 Socket,释放通信连接,其代码如下:

```
public void close() {
this.device_com.close();
}
```

第 7 章　系统数据定义

本章为第 6 章的数控系统软件提供数据类型定义示例。系统数据由常数、变量定义、数据电缆和系统参数组成。所有数据都使用 Java 类定义,其中用于系统命令和工作状态的常数使用枚举类定义。Eclipse 工具提供系统数据创建和管理环境,使用非常方便。

7.1　常　数

系统常数为数控系统软件程序提供一致的编译参数、系统运行命令代码、系统状态代码、系统工作方式代码、系统配置代码和固定数值,以增强程序的可读性,便于修改。数控系统示例程序的常数包括以下 5 个 Java 类。

1. 系统操作命令枚举(CMD)

用于系统运行管理模块向系统控制模块发送的操作命令代码,例如:启动数控加工程序译码、启动插补等操作。以下是系统操作命令的枚举定义示例:

```java
public enum CMD {
    NULL,
    PREPARE,
    WORKING,
    FEEDHOLD,
    FINISH,
    CONTINUE,
    NEW_START,
    NEW_BLOCK,
    START,
    INIT,
    STOP,
    RESET,
    JOG_PLUS,
    JOG_MINUS,
    JOG_STOP,
    DO
}
```

表 7.1 是枚举 enum CMD 的功能定义。

表 7.1　操作命令枚举 CMD

名　称	功　能
NULL	清除功能模块当前状态(复位)

续表 7.1

名　称	功　能
PREPARE	准备运行命令
WORKING	运行命令
FEEDHOLD	进给保持(暂停)命令,用于插补模块
CONTINUE	继续运行命令,用于插补模块
NEW_START	启动新加工程序
NEW_BLOCK	启动新加工程序段
START	启动模块工作
INIT	初始化模块
STOP	终止模块运行
RESET	复位模块
JOG_PLUS	启动手动正方向进给运动
JOG_MINUS	启动手动负方向进给运动
JOG_STOP	停止手动进给运动
DO	执行计算

2. 计算常数(CONST)

为系统计算提供常数固定数值,以提高程序的可读性。以下是计算常数的程序示例:

```
public class CONST {
    static float DIV60 = 0.016666666f;
    static double PI = 3.1415926;
}
```

表 7.2 是计算常数 CONST 的功能定义。

表 7.2　计算常数 CONST

名　称	功　能
DIV60	用于分/秒时间转换(1/60)
PI	π

3. 系统工作方式枚举(OP_MODE)

用于系统运行管理模块向系统控制模块发送操作方式命令代码,例如:自动方式、手动方式、文件(参数)编辑方式 。以下是系统工作方式枚举程序示例:

```
public enum OP_MODE {
    AUTOMATIC,
    JOG,
    EDIT,
    NULL
}
```

表 7.3 是系统工作方式枚举 OP_MODE 的功能定义。

表 7.3 系统工作方式枚举 OP_MODE

名 称	功 能
AUTOMATIC	自 动
JOG	手 动
EDIT	文件编辑

4. 模块工作状态枚举(ST)

用于控制模块向系统运行管理模块发送工作状态代码,例如:准备就绪、运行、结束等。以下是模块工作状态枚举程序示例:

```
public enum ST {
  NULL,
  INIT,
  PREPARE,
  READY,
  WORKING,
  FEEDHOLD,
  FINISH,
  CONTINUE,
  ERROR,
  STOP
}
```

表 7.4 是工作状态枚举 ST 的功能定义。

表 7.4 工作状态枚举 ST

名 称	功 能
NULL	空 闲
INIT	初始化
PREPARE	准备运行
READY	就 绪
WORKING	运行中
FEEDHOLD	进给保持(暂停)中
FINISH	结 束
CONTINUE	继续运行
ERROR	出 错
STOP	停止运行

5. 系统配置常数(SYS_CFG.)

系统配置常数为数控系统控制程序提供编译常数,包括系统数组变量的维数、系统控制周期等。以下是系统配置常数的程序示例：

```
public class SYS_CFG {
    public static int MAX_AXIS = 8;          // 控制轴数目
    public static int MAX_TOOL_CMP = 30;     // 刀具补偿设定值数目
    public static int MAX_SLAVE = 10;        // 控制从站数目
    public static int SUB_DATAGRAM_LENGTH = 10;  // 通信子报文的长度
    public static int MAX_FRAME_LENGTH = 1500;   // 数据帧的最大长度
    public static int MAX_IO_PORT = 16;      // PLC 输入/输出端口数目
    public static int MAX_OP_PANEL_INPUT = 4;    // 机床操作面板输入点数目
    public static int MAX_COORD_SHIFT = 7;   // 编程坐标系偏移数目
    public static int MAX_M_CODE = 10;       //数控程序段内允许的最大 M 指令数目
    public static int MAX_SOFTKEY = 8;       // 最大操作软控件数目
    public static int MAX_DEC_WORD = 20;     // 最大译码单词数目
    public static int MAX_PITCH_CMP_POINT = 100;  //最大螺距误差补偿点数目
    public static int SYS_PERIOD = 25;       // 系统控制周期(插补周期)ms
}
```

表 7.5 是系统配置常数 SYS_CFG 的功能定义。

表 7.5　系统配置常数 SYS_CFG 的功能定义

名　称	典型取值范围	功　能
MAX_AXIS	1～8	系统的最大控制进给轴数目,在程序中用于与进给轴相关数组变量定义,以及在进给轴变量计算中使用
MAX_TOOL_COMP	1～100	刀具补偿参数数目
MAX_SLAVE	1～50	控制从站数目
SUB_DATAGRAM_LENGTH	10～34	通信子报文的长度
MAX_FRAME_LENGTH	500～1 500	通信数据帧的最大长度
MAX_IO_PORT	1～50	PLC 输入/输出端口数目
MAX_OP_PANEL_INPUT	1～8	机床操作面板输入点数目
MAX_COORD_SHIFT	2～7	可设置工件坐标系数目
MAX_M_CODE	5～20	一个数控程序段内允许包含的最大 M 指令数目
MAX_SOFTKEY	4～12	操作和显示界面的 softkey 数目
MAX_DEC_WORD	10～30	一个数控程序段内允许包含的最大译码单词数目
MAX_PITCH_COMP_POINT	20～1 000	最大螺距误差补偿点数目
SYS_PERIOD	50～100	系统控制周期(插补周期),单位是 ms

7.2　变量类型定义

变量类型定义为系统控制模块提供统一的变量类型定义,可以供多个控制模块使用。示例程序定义了以下 4 个 Java 类：

1. 译码单词（_var_dec_word）

它是译码器单词变量的数据类型定义，见 6.3.3 节中的介绍。示例程序如下：

```java
public class _var_dec_word {
    char letter;
    double value;
}
```

表 7.6 是译码单词_var_dec_word 的功能定义。

表 7.6　译码单词_var_dec_word 的功能定义

名　称	功　能
letter	单词的字符标示
value	数　值

2. 准备机能（_var_gdf_function）

译码准备机能的数据类型，可根据数控系统的插补功能指令定义，见 6.3.3 节中的介绍。示例程序如下：

```java
public class _var_gdf_function {
    int  g0123;
    int  g1789;
    int  g4012;
    int  g439;
    int  g53_9;
    int  g501;
    int  g689;
    int d;
    int h;
    float f;
}
```

表 7.7 是准备机能_var_gdf_function 的功能定义。

表 7.7　准备机能_var_gdf_function 的功能定义

元　素	功　能
G0123	1：G01 直线插补 2：G02 顺时针圆弧插补 3：G03 逆时针圆弧插补
G1789	17：G17　X－Y 平面插补 18：G18　Z－X 平面插补 19：G19　Y－Z 平面插补

续表 7.7

元　素	功　能
G4012	40：G40 取消刀具半径补偿 41：G41 刀具半径左侧偏移 42：G42 刀具半径右侧偏移
g439	43：G43 刀具长度补偿有效 49：G49 取消刀具长度补偿
G53_9	53：G53 指定的工件坐标系偏移量有效 54：G54 指定的工件坐标系偏移量有效 ⋮ 59：G59 指定的工件坐标系偏移量有效
g501	50：G50 取消比例缩放、镜像映射变换功能 51：G51 使能比例缩放、镜像映射变换功能
g689	68：G68 使能工件旋转变换功能 69：G69 取消工件旋转变换功能
d	刀具半径补偿号
h	刀具长度补偿号
f	编程进给速度值

3. 辅助机能（_var_mnst_function）

译码辅助机能的数据类型，可根据数控系统的辅助机能指令定义，见 6.3.3 节中的介绍。示例程序如下：

```
public class _var_mnst_function {
    int   m012;
    int   m0345;
    int   m06;
    int   m0789;
    long n;
    floats s;
    int t;
}
```

表 7.8 是辅助机能_var_mnst_function 的功能定义。

表 7.8　辅助机能_var_mnst_function 的功能定义

元　素	功　能
m012	0：M00 程序暂停 1：M01 选择停 2：M02 程序结束
m0345	3：M03 主轴正转启动 4：M04 主轴反转启动 5：M05 主轴停

续表7.8

元　素	功　能
m0789	7：M07 一号冷却液开 8：M08 二号冷却液开 9：M09 冷却液关
m06	6：M06 换刀
N	程序段序号
S	主轴转速值
T	指定的新刀具号

4. 位置指令（_var_xyz_dimension）

译码器使用的位置指令数据类型，可根据数控系统的位置指令定义。与坐标位置控制相关的指令代码数值被存储到_var_xyz_dimension 结构对应的元素中，形成后续的控制命令，见6.3.3 节中的介绍。示例程序如下：

```
public class _var_xyz_dimension {
    double   x;
    double   y;
    double   z;
    double   a;
    double   b;
    double   c;
    double   i;
    double   j;
    double   k;
}
```

表7.9 是位置指令_var_xyz_dimension 的功能定义。

表7.9　位置指令_var_xyz_dimension 的功能定义

变　量	数值定义
X	X 轴坐标值
Y	Y 轴坐标值
Z	Z 轴坐标值
A	A 轴坐标值
B	B 轴坐标值
C	C 轴坐标值
I	X 轴方向圆心坐标
J	Y 轴方向圆心坐标
K	Z 轴方向圆心坐标

7.3　参　数

数控系统参数分为控制参数和加工参数 2 种类型。控制参数用于数控系统与机床的匹配，加工参数用于机床和刀具与加工程序的匹配。数控系统参数保存在 flash 存储器中，可以在人机操作界面显示和修改。在本书的示例数控系统中，数控系统参数直接使用 Android 操作系统编辑和管理，在系统启动阶段，加载到系统中。本章提供用于示例数控系统的参数，它是实际的数控系统的一个部分。

7.3.1　控制参数

通过控制参数使数控系统与机床功能、结构、进给传动、伺服装置、伺服电机、现场总线、外部设备辅助设备正确匹配。使用一个数控系统平台，能够方便地控制多种类型和规格的机床。控制参数使用 Java 类定义，包括以下 5 种类型：

1. 进给轴参数(_par_axis)

进给轴参数用于控制系统与机床进给轴的匹配和误差补偿，见 6.4.5 和 6.4.6 节中的介绍。示例程序如下：

```java
public class _par_axis {
    double[] k_num = new double[SYS_CFG.MAX_AXIS];
    double[] k_den = new double[SYS_CFG.MAX_AXIS];
    double[] k_rd = new double[SYS_CFG.MAX_AXIS];
    double[] pitch_cmp_interval = new double[SYS_CFG.MAX_AXIS];
    double[][] pitch_cmp_value = new double[SYS_CFG.MAX_AXIS][SYS_CFG.MAX_PITCH_CMP_POINT];
}
```

_par_axis 的前缀"_"表示它是定义参数 par_axis 的类，_par_axis 实例化后产生参数 par_axis 的实体。表 7.10 是进给轴参数 par_axis 的功能定义。

表 7.10　进给轴参数_par_axis 的功能定义

名　称	功　能
k_num	进给轴传动比分子
k_den	进给轴传动比分母
k_rd	系统控制分辨率
pitch_cmp_interval	螺距误差补偿间隔
pitch_cmp_value	螺距误差补偿值

2. 外部设备通信参数(_par_com)

外部设备通信参数用于数控系统与外部设备现场总线的通信配置，见 6.6 节中的介绍。示例程序如下：

```
public class _par_com {
int active_slave;                    // 从站数目
int sub_datagram_length;             // 子报文的长度
int[] slave_type;                    // 各个 FED 从站的类型
String fed_master_ip;                // FED 主站使用的 IP 地址
int pad_udp_port;                    // 平板电脑使用的 UPD 端口号
int fed_master_udp_port              // FED 主站使用的 UDP 端口号
int timeout;                         // 超时时间
}
```

表 7.11 是外部设备通信参数_par_com 的功能定义。

表 7.11　外部设备通信参数_par_com 的功能定义

名　称	功　能
active_slave	外部设备总线连接的控制从站数目
sub_datagram_length	子报文的长度
slave_type	各个 FED 从站的类型
fed_master_ip	FED 主站使用的 IP 地址
pad_udp_port	平板电脑使用的 UDP 端口号
fed_master_udp_port	FED 主站使用的 UDP 端口号
timeout	平板电脑接收 FED 主站返回数据帧的超时时间

3. 译码参数(_par_decode)

译码参数为译码器提供参数,见 6.3.3 节中的介绍。示例程序如下:

```
public class _par_decode {
  String[] axis_name = new String[SYS_CFG.MAX_AXIS];
}
```

表 7.12 是译码参数_par_decode 的功能定义。

表 7.12　译码参数_par_decode 的功能定义

名　称	功　能
axis_name	数控加工程序中的坐标轴名称

4. 插补参数(_par_intpl)

插补参数是与机床运动速度控制相关的参数,为插补运动和手动进给运动提供速度控制参数,见 6.4.1 和 6.4.2 节中的介绍。示例程序如下:

```
public class par_intpl {
  float path_accelaration;
  float max_jog_speed;
}
```

表 7.13 是插补参数_par_intpl 的功能定义。

表 7.13 插补参数_par_intpl 的功能定义

名 称	功 能
path_accelaration	插补和手动进给运动加速度值
max_jog_speed	最高手动进给速度值

5. 坐标变换参数(_par_trans)

坐标变换参数为坐标变换模块提供机床结构类型和结构尺寸等参数,见 6.4.4 节机床示例。示例程序如下:

```
public class _par_trans {
    int trans_type;
    double Lsp;
}
```

表 7.14 是坐标变换参数_par_trans 的功能定义。

表 7.14 坐标变换参数_par_trans 的功能定义

名 称	功 能
trans_type	机床结构类型
Lsp	机床结构尺寸

7.3.2 加工参数

加工参数与数控加工程序配合,完成工件的加工。本书的示例数控系统的加工参数分为工件坐标系设置参数和刀具补偿数据参数。

1. 工件坐标系设置参数(_par_coord)

工件坐标系设置参数供坐标系设置模块使用,见 6.3.4 中的介绍。示例程序如下:

```
public class _par_coord {
    double[][] shift = new double[SYS_CFG.MAX_AXIS][SYS_CFG.MAX_COORD_SHIFT];
    double[][] rotation = new double[SYS_CFG.MAX_AXIS][SYS_CFG.MAX_COORD_SHIFT];
    double[][] scale = new double[SYS_CFG.MAX_AXIS][SYS_CFG.MAX_COORD_SHIFT];
    double[][] origin = new double[SYS_CFG.MAX_AXIS][SYS_CFG.MAX_COORD_SHIFT];
}
```

表 7.15 是坐标系设置参数_par_coord 的功能定义。

表 7.15 坐标系设置参数_par_coord 的功能定义

元 素	功 能
shift[0][0]	机床坐标系 G53.X
shift[1][1]	机床坐标系 G53.Y
shift[2][2]	机床坐标系 G53.Z
...	...

元　素	功　能
shift[0][1]	坐标偏移 G54.X
shift[1][1]	坐标偏移 G54.Y
shift[2][1]	坐标偏移 G54.Z
...	...
origin[0][0]	比例缩放、镜像映射和工件旋转的变换参考点坐标 O_x
origin[1][0]	比例缩放、镜像映射和工件旋转的变换参考点坐标 O_y
origin[2][0]	比例缩放、镜像映射和工件旋转的变换参考点坐标 O_z
...	...
scale[0][0]	比例缩放和镜像映射系数 K_x
scale[1][0]	比例缩放和镜像映射系数 K_y
scale[2][0]	比例缩放和镜像映射系数 K_z
...	...
rotation[0][0]	工件绕 X 旋转角度 α
rotation [1][0]	工件绕 Y 旋转角度 β
rotation [2][0]	工件绕 Z 旋转角度 γ
...	...
SYS_CFG.MAX_AXIS	系统最大控制轴数
SYS_CFG.MAX_COORD_SHIFT	可设置工件坐标系数目

2. 刀具参数(_par_tool)

刀具参数供刀具补偿模块使用,见 6.3.5 节中的介绍。示例程序如下:

```
public class _par_tool {
    double[] length = new double[SYS_CFG.MAX_TOOL_CMP];
    double[] radius = new double[SYS_CFG.MAX_TOOL_CMP];
    double actual_hz;
    double actual_r;
}
```

表 7.16 是刀具参数_par_tool 的功能定义。

表 7.16　刀具参数_par_tool 的功能定义

元　素	功　能
length	刀具长度补偿值
radius	刀具半径补偿值
actual_hz	当前使用刀具长度
actual_r	当前使用刀具半径
SYS_CFG.MAX_TOOL_CMP	系统定义的最大刀具补偿数目(常数全局变量)

7.4　数据电缆

数据电缆是控制系统中各种控制变量的组合,用于功能模块之间的数据连接,使数控系统软件结构清晰,数据流和控制模块的关系明确。数据电缆使用 Java 类定义,用"_"前缀标示,在数控系统运行的初始化阶段完成它的实例化,构成数据变量的实体。第 6 章的示例数控系统使用了 19 种数据电缆,以下是它们的程序示例。

1. 坐标轴位置(_cable_axis_pos)

坐标轴位置数据电缆包含表示机床的各个运动坐标位置的数组变量,供其他数据电缆类作为统一的内部元素使用。示例程序如下:

```java
public class _cable_axis_pos {
    double[] pos = new double[SYS_CFG.MAX_AXIS] ;
}
```

表 7.17 是数据电缆_cable_axis_pos 的元素定义。

表 7.17　数据电缆_cable_axis_pos 的元素定义

元　素	功　能
pos	坐标轴位置
SYS_CFG. MAX_AXIS	系统最大控制轴数

2. 误差补偿位置(_cable_cmp_pos)

误差补偿模块 axis_cmp 的输出数据电缆,如图 6.2(d)所示。示例程序如下:

```java
public class _cable_cmp_pos {
    public _cable_axis_pos ax = new _cable_axis_pos();
}
```

数据电缆_cable_cmp_pos 使用_cable_axis_pos 作为内部元素。

3. 运动控制指令段(_cable_motion_block)

译码器模块 decode 的输出数据电缆(见图 6.2(c)),包含数控程序段的运动控制指令。示例程序如下:

```java
public class _cable_motion_block {
    double[] start_pos = new double[SYS_CFG.MAX_AXIS] ;
    double[] end_pos = new double[SYS_CFG.MAX_AXIS] ;
    double[] centre_pos = new double[SYS_CFG.MAX_AXIS] ;
    double[] end_pos_next = new double[SYS_CFG.MAX_AXIS] ;
    double[] centre_pos_next = new double[SYS_CFG.MAX_AXIS] ;

    int  g0123;
    int  g01789;
    int  g4012;
    int  g0123_next;
```

```
    int   g4012_next；

    int   g439；

    int   g501；

    int   g53_9；

    int   g689；


    int d；

    int h；


    float feed_prog；

    float feed_next_block；


}
```

表 7.18 是数据电缆_cable_motion_block 的元素定义。

表 7.18   数据电缆_cable_motion_block 的元素定义

元　素	功　能
pos_start	插补线段起点坐标
pos_end	插补线段终点坐标
pos_centre	圆弧插补线段圆心坐标,圆弧插补时使用
pos_end_next	后续插补线段终点,刀具半径补偿时使用
pos_centre_next	后续圆弧插补线段圆心坐标,刀具半径补偿时使用
g0123	插补线段类型: 1:G01 直线插补 2:G02 顺时针圆弧插补 3:G03 逆时针圆弧插补
g1789	插补平面选择: 17:G17　X－Y 平面插补 18:G18　Z－X 平面插补 19:G19　Y－Z 平面插补
g4012	刀具半径补偿类型: 40:G40 取消刀具半径补偿 41:G41 刀具半径左侧偏移 42:G42 刀具半径右侧偏移
g0123_next	后续插补线段类型
g4012_next	后续刀具半径补偿类型
g439	43:G43 刀具长度补偿有效 49:G49 取消刀具长度补偿
g501	50:G50 取消比例缩放、镜像映射变换功能 51:G51 使能比例缩放、镜像映射变换功能

元 素	功 能
g53_9	53:G53 指定的工件坐标系偏移量有效 54:G54 指定的工件坐标系偏移量有效 ⋮ 59:G59 指定的工件坐标系偏移量有效
G689	68:G68 使能工件旋转功能 69:G69 取消工件旋转功能
d	刀具半径补偿号
h	刀具长度补偿号
feed_prog	进给速度
feed_next_block	后续插补线段进给速度
SYS_CFG. MAX_AXIS	系统定义的最大控制轴数

4. 坐标系设置(_cable_coord_block)

坐标系设置模块 coord_set 的输出数据电缆(见图 6.2(c)),由数控系统的运动控制指令组成。示例程序如下:

```
public class _cable_coord_block {
    _cable_motion_block mtbl = new _cable_motion_block();
}
```

数据电缆 cable_coord_block 使用_ cable_motion_block 作为内部元素。

5. 伺服指令位置(_cable_drive_pos)

机床传动匹配模块 drive_adpt 的输出数据电缆,如图 6.2(d)所示。示例程序如下:

```
public class _cable_drive_pos {
    _cable_axis_pos ax = new _cable_axis_pos();
}
```

数据电缆_cable_drive_pos 使用_cable_axis_pos 作为内部元素。

6. 手动进给位置(_cable_hand_pos)

手动进给模块 hand 的输出数据电缆,如图 6.2(d)所示。示例程序如下:

```
public class _cable_hand_pos {
    _cable_axis_pos ax = new _cable_axis_pos();
}
```

数据电缆_cable_hand_pos 使用_cable_axis_pos 作为内部元素。

7. 插补/手动进给切换位置(_cable_ihand_pos)

插补/手动进给切换模块 ihand_switch 的输出数据电缆,如图 6.2(d)所示。示例程序如下:

```
public class _cable_ihand_pos {
  public _cable_axis_pos ax = new _cable_axis_pos();
}
```

数据电缆_cable_ihand_pos 使用_cable_axis_pos 作为内部元素。

8. 插补指令数据(_cable_intpl_block)

经过坐标系设置和刀具补偿处理后的插补指令数据,如图 6.2(c)和(d)所示。示例程序如下:

```
public class _cable_intpl_block {
  double[] start_pos = new double[SYS_CFG.MAX_AXIS] ;
  double[] end_pos = new double[SYS_CFG.MAX_AXIS] ;
  double[] centre_pos = new double[SYS_CFG.MAX_AXIS] ;
  float feed_prog;
  float feed_next_block;
  int   g0123;
  int   g01789;
  ST state;
}
```

表 7.19 是数据电缆_cable_intpl_block 的元素定义。

表 7.19　数据电缆_cable_intpl_block 的元素定义

元　素	功　能
start_pos	插补线段起点坐标
end_pos	插补线段终点坐标
centre_pos	圆弧插补中心坐标
feed_prog	编程进给速度
feed_next_block	插补终点进给速度
G0123	插补线段类型: 1:G01 直线 2:G02 顺时针圆弧 3:G03 逆时针圆弧
G1789	圆弧插补平面选择: 17:G17 X—Y 平面插补 18:G18 Z—X 平面插补 19:G19 Y—Z 平面插补
state	插补指令处理状态
SYS_CFG.MAX_AXIS	系统定义的最大控制轴数

9. 插补位置(_cable_intpl_pos)

插补器的输出数据电缆,见图 6.2(d)。示例程序如下:

```
public class _cable_intpl_pos {
    _cable_axis_pos ax = new _cable_axis_pos();
}
```

数据电缆_cable_intpl_pos 使用_cable_axis_pos 作为内部元素。

10. 数字量输入端口(_cable_io_in)

外部设备现场总线通信模块 device_com 的输出数据电缆(见图 6.2(d)),表示系统数字量输入端口的状态。示例程序如下:

```
public class _cable_io_in {
    int[] port = new int[SYS_CFG.MAX_IO_PORT];
}
```

表 7.20 是数据电缆_cable_io_in 的元素定义。

表 7.20　数据电缆_cable_io_in 的元素定义

元　素	功　能
port	输入端口变量
SYS_CFG. MAX_IO_PORT	PLC 输入/输出端口数目

11. 数字量输出端口(_cable_io_out)

PLC 模块的数字量输出数据电缆(见图 6.2(d)),通过外部设备现场总线通信模块 device _com 控制系统输出端口的状态,见图 3.1。示例程序如下:

```
public class _cable_io_out {
    int[] port = new int[SYS_CFG.MAX_IO_PORT];
}
```

表 7.21 是数据电缆_cable_io_out 的元素定义。

表 7.21　数据电缆_cable_io_out 的元素定义

元　素	功　能
port	输出端口变量
SYS_CFG. MAX_IO_PORT	PLC 输入/输出端口数目

12. 数控加工程序段(_cable_nc_block)

读入数控加工程序模块 read_nc_prog 的输出数据电缆,如图 6.2(c)所示。示例程序如下:

```
public class _cable_nc_block {
    String actual_block;
    String next_intpl_block;
}
```

表 7.22 是数据电缆_cable_nc_block 的元素定义。

表 7.22   数据电缆_cable_nc_block 的元素定义

元　素	功　能
actual_block	当前数控加工程序语句
next_intpl_block	下一个插补程序语句

13. 数控加工程序信息(_cable_nc_prog_info)

人机操作界面模块 hmi 的输出数据电缆(见图 6.2(c)),提供数控加工程序信息。示例程序如下:

```
public class _cable_nc_prog_info {
    String dir;
    String name;
}
```

表 7.23 是数据电缆_cable_nc_prog_info 的元素定义。

表 7.23   数据电缆_cable_nc_prog_info 的元素定义

元　素	功　能
dir	保存数控加工程序的文件夹名称
name	数控加工程序文件名称

14. 机床操作面板(_cable_op_panel)

PLC 模块的输出数据电缆(见图 6.2(d)),通过外部设备总线从系统输入端口读入机床操作按钮状态。示例程序如下:

```
public class _cable_op_panel {
    int[] in = new int[SYS_CFG.MAX_OP_PANEL_INPUT];
}
```

表 7.24 是数据电缆_cable_op_panel 的元素定义。

表 7.24   数据电缆_cable_op_panel 的元素定义

元　素	功　能
in	输入端口变量
SYS_CFG. MAX_OP_PANEL_INPUT	输入端口数目

15. PLC 控制语句 (_cable_plc_block)

译码器模块 decode 的输出数据电缆(见图 6.2(c)),包含数控程序段的辅助机能控制指令。示例程序如下:

```
public class _cable_plc_block {
    int[]    m = new int[SYS_CFG.MAX_M_CODE];
    String   n;
    int      t;
    int      s;
}
```

表 7.25 是数据电缆_cable_plc_block 的元素定义。

表 7.25　数据电缆_cable_plc_block 的元素定义

元　素	功　能
m	M 指令
n	N 指令
t	T 指令
s	S 指令
SYS_CFG. MAX_M_CODE	每个数控加工程序语句允许包含的最大 M 指令数目

16. 操作菜单控键 (_cable_softkey)

人机操作界面模块 hmi 的输出数据电缆(见图 6.2(a)),将显示屏的操作控件状态发送给系统运行管理模块 sys_manager。示例程序如下:

```
public class _cable_softkey {
    boolean[][] index = new boolean[SYS_CFG. MAX_SOFTKEY][SYS_CFG. MAX_SOFTKEY];
}
```

表 7.26 是数据电缆_cable_softkey 的元素定义。

表 7.26　数据电缆_cable_softkey 的元素定义

元　素	功　能
index	菜单键代码
SYS_CFG. MAX_SOFTKEY	最大菜单键数目

17. 系统信息(_cable_sys_info)

功能模块通过系统信息数据电缆_cable_ sys_info 向系统运行管理模块 sys_manager 和显示操作模块 hmi 发送工作状态,见图 6.2。示例程序如下:

```
public class _cable_sys_info {
    ST intpl_info;
    ST slop_info;
    ST com_info;

    int  com_error;
    int intpl_error;
    int  read_nc_prog_error;
    int  decode_error;

    String  actual_nc_prog;
}
```

表 7.27 是数据电缆_cable_sys_info 的元素定义。

表 7.27　数据电缆_cable_sys_info 的元素定义

元　素	功　能
intpl_info	插补器工作状态信息
slop_info	升降速控制状态
com_info	外部设备总线通信状态
com_error	外部设备总线通信出错
intpl_error	插补器出错
read_nc_prog_error	读数控加工程序出错
decode_error	译码器出错
actual_nc_prog	当前数控加工程序段

18. 系统操作命令(_cable_sys_operation)

系统运行管理模块 sys_manager 向各控制模块发出的运行命令,控制系统的运行,见图 6.2。示例程序如下:

```
public class _cable_sys_operation {
    OP_MODE  mode;  // CMD command;
    CMD read_nc_prog;
    CMD decode;
    CMD intpl;
    CMD hand;
    CMD device_com;


    float  override;
    int  jog_axis;
}
```

表 7.28 是数据电缆_cable_sys_operation 的元素定义。

表 7.28　数据电缆_cable_sys_operation 的元素定义

名　称	功　能
mode	系统工作方式
read_nc_prog	读数控加工程序命令
decode	发给译码器的命令
intpl	发给插补器的命令
hand	发给手动进给模块的命令
device_com	发给外部设备总线通信模块的命令
override	进给倍率
jog_axis	手动进给轴选择

19. 坐标变换坐标轴位置(_cable_trans_pos)

坐标变换模块 coord_trans 的输出数据电缆,经过坐标变换计算后的坐标轴位置,见图 6.2(d)。示例程序如下:

```java
public class _cable_trans_pos {
    _cable_axis_pos ax = new _cable_axis_pos();
}
```

数据电缆_cable_trans_pos 使用_cable_axis_pos 作为内部元素。

附录 A　ISO 6983 数控编程指令标准

A.1　字符集

附表 A.1 是 ISO 6983 的字符定义。

附表 A.1　字符定义

字　符	功　能
A	绕 X 轴的转角
B	绕 Y 轴的转角
C	绕 Z 轴的转角
D	第二刀具功能
E	第二进给功能
F	第一进给功能
G	准备功能
H	未规定
I	平行于 X 轴的插补参数或螺纹导程
J	平行于 Y 轴的插补参数或螺纹导程
K	平行于 Z 轴的插补参数或螺纹导程
L	未规定
M	辅助功能
N	程序序号
O	未规定
P	平行于 X 的参数
Q	平行于 Y 的参数
R	平行于 Z 的参数
S	主轴转速功能
T	第一刀具功能
U	平行于 X 的第二坐标
V	平行于 Y 的第二坐标
W	平行于 Z 的第二坐标
X	基础坐标 X 值
Y	基础坐标 Y 值

字　符	功　　能
Z	基础坐标 Z 值
0	数字 0
1	数字 1
2	数字 2
3	数字 3
4	数字 4
5	数字 5
6	数字 6
7	数字 7
8	数字 8
9	数字 9
%	程序开始
(	注释文字块开始
)	注释文字块结束
+	正　号
,	逗　号
—	负　号
.	小数点
/	跳过程序段标志
:	对齐功能
=	等　号
TAB	制　表
LF/NL	程序段结束
CR	回　车
SP	空　格
DEL	删　除

A.2　G 指令集

附表 A.2 是准备功能 G 代码的功能指定;附表 A.3 是固定循环的 G 指令集。

附表 A. 2　准备功能 G 代码的功能指定

代　码	功　能
G00	快速定位
G01	直线插补
G02	顺时针方向圆弧插补
G03	逆时针方向圆弧插补
G04	暂　停
G05	未规定
G06	抛物线插补
G07～G08	未规定
G09	准确定位
G10～G16	未规定
G17	XY 平面选择
G18	ZX 平面选择
G19	YZ 平面选择
G20～G24	未规定
G25～G29	永不规定
G30～G32	未规定
G33	等螺距螺纹切削
G34	增螺距螺纹切削
G35	减螺距螺纹切削
G36 到 G39	永不规定
G40	取消刀具补偿
G41	刀具左偏补偿
G42	刀具右偏补偿
G43	刀具正向偏移
G44	刀具负向偏移
G45～G52	未规定
G53	取消原点偏移
G54～G59	原点偏移
G60	准确定位
G61～G62	未规定
G63	攻　丝
G64	连续进给速度运动(无程序段间减速)
G65～G69	未规定
G70	英制尺寸输入
G71	公制尺寸输入

续附表 A.2

代　码	功　能
G72～G73	未规定
G74	回参考点
G75～G79	未规定
G80	取消固定循环
G81～G89	固定循环
G90	绝对尺寸编程
G91	增量尺寸编程
G92	预置数据
G93	以程序段运行时间指定的进给率
G94	每分钟进给率
G95	每转进给率
G96	恒定表面速度控制
G97	以每分钟转数指定主轴转速
G98～G99	未规定
G100～G999	未规定

附表 A.3　固定循环

固定循环代码	进　入	在底部		退出到循环开始处	典型用途
		暂　停	主　轴		
G81	编程进给速度	—	—	快　速	钻　孔
G82	编程进给速度	有	—	快　速	钻孔,扩孔
G83	间歇进给速度	—	—	快　速	深孔钻
G84	编程进给速度	—	反　转	编程进给速度	攻　丝
G85	编程进给速度	—	—	编程进给速度	镗　孔
G86	编程进给速度	—	停　止	快　速	镗　孔
G87	编程进给速度	—	停　止	手　动	镗　孔
G88	编程进给速度	有	停　止	手　动	镗　孔
G89	编程进给速度	有	—	编程进给速度	镗　孔

A.3　M 指令集

附表 A.4 是辅助功能 M 代码的说明。

附表 A.4　辅助功能 M 代码

代　码	功　能
M00	程序暂停
M01	可选择程序暂停
M02	程序结束
M03	主轴顺时针方向启动
M04	主轴逆时针方向启动
M05	主轴停止
M06	换　刀
M07	2 号冷却液开
M08	1 号冷却液开
M09	冷却液关
M10	工件卡紧
M11	工件释放
M30	纸带结束
M48	取消 M49
M49	附加进给倍率修正
M60	更换工件

附录 B 自定义代码

附表 B.1 是本书程序示例所使用的部分自定义 G 指令代码;附表 B.2 是自定义字符集。

附表 B.1 自定义 G 指令代码

代　码	功　能
G07	其他插补类型
G43	刀具长度补偿有效
G49	取消刀具长度补偿
G50	取消比例缩放、镜像映射
G51	比例缩放、镜像映射
G68	工件旋转
G69	取消工件旋转

附表 B.2 自定义字符集

代　码	功　能
D	刀具半径补偿号
H	刀具长度补偿号

参考文献

[1] 郇极,靳阳,肖文磊.基于工业控制编程语言 IEC61131－3 的数控系统软件设计[M].北京:北京航空航天大学出版社,2011.

[2] Jayant K.,Ian C.,Mohan K.千兆位以太网教程——向高带宽网络迁移[M].段晓译.北京:清华大学出版社,1999.

[3] 郑莉.Java 语言程序设计(第二版)[M].北京:清华大学出版社,2011.

[4] 迟立颖,张银霞,张桂香,等.Java 程序设计[M].北京:航空航天大学出版社,2011.

[5] 颜建华.Android 开发关键技术之旅——Java 程序员快速学习通道[M].北京:中国铁道出版社,2012.

[6] 柯元旦,宋锐.Android 程序设计[M].北京:北京航空航天大学出版社,2010.

[7] 胡星,郇极,刘喆.基于以太网器件的高性能现场总线 FED[J].北京航空航天大学学报,2012,38(10):1326－1330.

[8] R. P. Paul. Robot Manipulators:Mathematics, Programming and Control [M]. MIT Press, Cambridge, MA, 1981.

[9] 谢希仁.计算机网络教程[M].北京:人民邮电出版社,2003.

[10] SIEMENS. SINUMERIK 840D sl NCU Manual. 6FC5397－0AP10－2BA0 [EB/CD], 2007.

[11] GE Fanuc Automation [EB/CD]. F30i－A (SpecC)－07, 2008.

[12] 毕承恩,丁乃建,等.现代数控机床[M].北京:机械工业出版社,1991.